基坑开挖基底抗隆起稳定系数及向上变形规律的研究

Research on Basement Stability Coefficient of Resisting Upheaval and
Upward Deformation Law in Excavation of Foundation

李志鸢　著

重庆大学出版社

图书在版编目(CIP)数据

基坑开挖基底抗隆起稳定系数及向上变形规律的研究／
李志鸢著. -- 重庆：重庆大学出版社，2024. 7.

ISBN 978-7-5689-4675-9

Ⅰ. TU473. 2

中国国家版本馆 CIP 数据核字第 20245ME529 号

基坑开挖基底抗隆起稳定系数及向上变形规律的研究

JIKENG KAIWA JIDI KANGLONGQI WENDING XISHU JI

XIANGSHANG BIANXING GUILÜ DE YANJIU

李志鸢 著

策划编辑：林青山

责任编辑：陈 力 版式设计：林青山

责任校对：王 倩 责任印制：赵 晟

*

重庆大学出版社出版发行

出版人：陈晓阳

社址：重庆市沙坪坝区大学城西路 21 号

邮编：401331

电话：(023) 88617190 88617185(中小学)

传真：(023) 88617186 88617166

网址：http://www.cqup.com.cn

邮箱：fxk@ cqup.com.cn (营销中心)

全国新华书店经销

重庆升光电力印务有限公司印刷

*

开本：720mm×1020mm 1/16 印张：14 字数：200 千

2024 年 7 月第 1 版 2024 年 7 月第 1 次印刷

ISBN 978-7-5689-4675-9 定价：89.00 元

前　言

　　基坑开挖底部土体的向上变形包括隆起和回弹两种情况,两者发生的机理不同。隆起是指基坑内土体的挖除,支护结构内外土体形成压力差,在此压力差的作用下,基坑周边土体所发生的塑性变形。这种隆起会引起较大的挡土结构的水平位移、水平支撑结构的上浮、坑外地表的沉降及邻近建筑物的变形。隆起在工程中可以通过控制基坑抗隆起稳定性系数加以避免,即基坑抗隆起稳定性系数越高,支护结构位移就越小,周围地面的沉降也就越小。准确验算抗隆起稳定性系数,对判断基坑内外是否稳定意义重大。回弹是指随着基坑开挖部分土体卸荷,基底土体发生的向上变形。基坑开挖引起基底的回弹量可达几厘米至十几厘米,这个回弹量会导致建筑物沉降量难以预估,会影响逆作法立柱桩的设计与施工,会引起隧道或地铁的上抬变形,尤其会对在基底下设的工程桩产生上拔作用,甚至拔断。能否准确预估回弹量的大小是判定基坑的变形是否稳定的重要依据。本书研究基底向上变形的最大位移 δ,并将隆起和回弹同时进行考虑。

　　为了研究基坑开挖 δ 的变形规律,本书首先分析比较了 Mohr-Coulomb 模型、修正 Mohr-Coulomb 模型和 C-Y 模型的优劣,其次借助 FLAC3D 4.0 软件,建立一个 20 m 深基坑模型,通过数值模拟与多种计算公式对基坑抗隆起稳定性系数的分析比较来判定基坑是否稳定,以保证基坑在不发生隆起破坏的前提下,继而研究 δ 的变形规律。本书采用数值模拟方法基于不同工况选用不同本构模型分别对基坑空间效应、周围环境、有无工程桩等对基底向上变形的影响程度作详细研究。最后以某一深大基坑工程为例,先借助抗隆起稳定系数公式判定基坑支护是否稳定,后依托工程实例,运用前面所得 δ 规律建模,优化降水方案,得出数值模拟结果,结合工程实测和土工实验数据对比 δ 值,从而总结出一系列规律,获得一些认识和结论,可以用于指导实践。

1. 本书在选用土的本构模型时,首先分析比较 Mohr-Coulomb 模型、修正 Mohr-Coulomb 模型和 C-Y 模型的内涵,然后在不同章节分别选用了相应的本构模型,相得益彰:①Mohr-Coulomb 模型是经典模型,是其他诸多模型的基础,该模型运用于计算机程序,运算速度快,能反映一定的规律,在研究基坑开挖空间效应对 δ 的影响时采用了该模型;②Mohr-Coulomb 模型没考虑对同一种土不同深度处杨氏模量不同,与工程实际 δ 值差异大,而在修正 Mohr-Coulomb 模型中考虑了这一点,所得 δ 值与实际情况接近,在研究基坑周围环境及有无工程桩对基底回弹的影响时采用修正 Mohr-Coulomb 本构模型;③C-Y 模型是在 Mohr-Coulomb 模型的基础上进一步考虑了静水压力作用下的帽盖屈服,在研究降水对基底 δ 值的影响时采用 C-Y 模型,所测的 δ 值与实测值相近。

2. 对基底向上变形的极限失稳问题,国内外学者用基底抗隆起稳定性系数 F_s 作了大量的研究并得出了诸多公式。本书基于一个 20 m 深的基坑,通过运用公式法和数值模拟对基底抗隆起稳定性系数 F_s 的分析比较,得出 F_s 与基坑周围土体的黏聚力、内摩擦角、基坑周围有无外加荷载和支护结构的入土深度紧密相关,并提出了更合理的修正 Wong 和 Goh 法。该法与数值模拟法计算的系数拟合度高达 98%,这为用数值模拟法更合理计算各种工况下的 δ 值奠定了基础。

3. 为了进一步研究基坑开挖基底向上变形的规律,我们以第 3 章所建基坑模型为依托,采用数值模拟方法,针对影响 δ 值的多种因素作了详细的数值模拟,进行数理统计归纳总结,找出规律,并得出结论。

首先,基于摩尔-库仑模型原理,针对影响 δ 值的空间效应因素进行阐明:①基坑长度不变宽度变化、长宽比为定值的长条形基坑;②方形基坑面积增加 1 倍;③等面积的长条形基坑与方形基坑的比较等,在各种开挖深度下基底的 δ 值变化规律,论证了基坑不同的空间效应引起基底向上变形的机理,得出了基坑开挖空间效应对基底向上变形影响显著,建议实际工程应分条、分块、分层开挖。

其次,基于修正摩尔-库仑模型原理,针对影响 δ 值的基坑周围环境因素(基坑的开挖深度 H、土体的重度 γ、黏聚力 c、摩擦角 ϕ、泊松比 μ、基坑周边荷载的大小 P 及其到基坑边缘的距离 S 和连续墙的插入深度 D),阐明了改变其中某一因素,分别寻找 δ 值的变化规律,并得出相应公式,即

$$\delta = -88.2 + 0.1\gamma\left(1 + \frac{q}{\gamma}\right) + 12.5\left(\frac{D}{H}\right)^{-0.5} + 87.6c^{-0.04}(\tan\phi)^{-0.54}$$

最后,基于修正摩尔-库仑模型原理,对基底有无工程桩作了比较,并对工程桩的参数进行了分析,阐明了有工程桩对 δ 值的影响大,并且分析了工程桩各项参数变化在不同开挖深度下 δ 值的变化规律,论证了工程桩制约基底向上变形的机理,得出了合理设计工程桩的参数取值。

4. 在上述 20 m 深基坑模型的基础上,取用太原市某一深基坑工程的地质勘查报告参数,基于 C-Y 模型原理,采用数值模拟,进一步研究了施工开挖前基坑内降水完成后改变连续墙的弹性模量、基坑外水位和支撑位置对基底 δ 值的影响规律,论证了不同基坑外水位及支撑位置引起基底 δ 值的机理,得出了基坑外水位越低,最后一道撑离基底越近,基底 δ 值越小的结论。为了研究施工开挖降水在不同工况下对基底向上变形的影响程度,本书就侧向固定水头分别在一次降水和分布降水两种工况下,对各种开挖深度下基底 δ 值的变化规律作了分析比较,论证了不同水头差,不同渗流路径引起基底向上变形的机理,得出了基坑内外水头差越大,渗流路径越短,基底的 δ 值越大,分布降水比一次降水更有利的结论,建议工程降水方案采用分布降水。

5. 本书通过数值模拟分析、工程实测、公式法和回弹再压缩实验对 20 m 深基底的 δ 比较,得出实测数据可靠,但费时费力;实验室结果小得多,此值小于现场实测值,这是因为室内土工实验没有考虑基坑内外压力差的影响,而且使用的土样为小尺寸试件,取土过程很难保证结构不被扰动;数值模拟结果略偏大,具有很高的参考价值,在经验取值的基础上可方便分析更大更深更复杂的

基坑;公式法计算的结果略大于实测值,由此证明公式法考虑的因素较全面,拟合公式可靠,可用于指导实际工程,数值模拟法取得了良好的效果。

本书主要讲述研究基坑开挖基底向上变形的意义、应用 FLAC3D 4.0 软件建模、土体本构模型的选取、基底抗隆起稳定性系数的公式比较、数值模拟有无降水和回灌对基底向上变形影响的规律、对工程案例中的优化实施以及向上变形监测技术等内容。本书结构完整,体例清晰,逻辑严谨,专业性和实用性强,可为负责研究基坑开挖基底向上变形项目规划和实施的有关人员提供准确、翔实的信息,对岩土工程专业的教师和学生也有所帮助。

在本书的撰写过程中,参考了相关专家、学者的一些研究成果,听取和采纳了相关专业教师的建议,在此一并表示真诚的感谢。尽管力求完美,但因编者水平所限,书中难免存在不妥之处,恳请读者朋友批评指正。

编　者

2024 年 1 月

目　录

第1章 绪 论

1.1 问题的提出

近年来,越来越多、越来越复杂的轨道交通、商业、停车库等转向地下空间,进一步拓展纵深方向,要求地下空间协调发展已成为必然,深基坑工程屡创新高(表1.1)。对于超深基坑来说,特别是在软土地区深度达20~40 m的超深基坑,基坑开挖引起基底的回弹量可达几厘米至十几厘米,这个回弹量会导致建筑物沉降量难以预估,会影响逆作法立柱桩的设计与施工,会引起隧道或地铁的上抬变形,尤其会对在基底下设的工程桩产生上拔作用,甚至拔断,能否准确预估回弹量的大小已是判定基坑变形是否稳定的重要依据。对于深大基坑来说,另一种变形就是基坑周边土体的隆起,如宝钢集团有限公司的最大铁皮坑深基坑工程,在地基土是黏性土的土层中,采用了圆形围护墙支护结构。该基坑的内径达24.9 m,开挖深度达32.0 m,围护墙插入坑底以下深度为28 m,围护墙厚1.2 m,有内衬。由于该基坑的支护结构是圆形,受到的围压较均匀,即环向箍压力较均匀,因此槽段接头压得紧,墙体变形很小,在基坑开挖过程中,不用再设内外撑。在该工程中,施工单位对该基坑坑底土体的隆起与回弹随开挖深度的增加而变化的工况进行了较详细的观测。观测结果显示:开挖深度约为10 m时,坑底变形基本为回弹,且最大回弹量在坑中心,约8 cm;开挖深度在13~32.2 m的过程中,坑底周边隆起变形越来越明显,观测到的坑底土体的变形呈周边大、中间小,同时基坑周围土体沉降明显。基坑开挖至 32.2 m 时,由围护墙向其外侧分别取 0,3,9,18,30 m,这五处土体向基坑的水平位移曲线如图1.1 所示。由图可知,基坑内侧土体的隆起伴随着基坑外侧土体向坑底移动。该基坑工程为圆形,空间效应好,若为其他形状或支护结构嵌固深度不足,隆起会更加明显。当支护结构无插入深度时,基坑更容易在开挖深度较小时就发生隆起,并伴随基坑周围地层移动。当隆起达到极限状态时,基坑外侧土体便向坑内产生破坏性的滑动,使基坑失稳,基坑周围土体沉陷严重。

表 1.1　深基坑工程列举

深基坑工程	最大挖深/m
苏州东方之门	22
天津津塔挖深	23.5
上海世博 500 kV 地下变电站	34
上海地铁 4 号线董家渡修复基坑	41

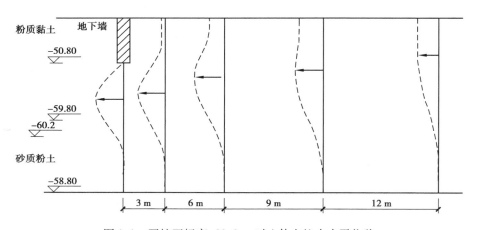

图 1.1　开挖至标高-32.2 m 时土体向坑内水平位移

能否准确预估回弹量的大小和避免基坑的隆起已是判定基坑变形是否稳定的重要依据。

1.2 国外对基底周边的隆起与基底回弹的研究现状

早在 20 世纪 30—40 年代,Tergzaghi 等发现了开挖基坑时,比较大的开挖段比小的开挖段产生的回弹变形大;1968 年,Baladi 就线弹性土体,对基坑进行条形开挖,引起基底的隆起问题作了相关研究;1970 年,Duncan 基于曲线模型,用有限元计算对基底隆起变形进行了分析。Bose 和 Som 基于土体的本构关系为非线性弹塑性体,选择了修正剑桥本构模型,采用二维有限元方法,对基坑分布开挖的过程及支撑方式的变化情况作了数值模拟分析。该学者通过改变支护墙插入基底土体的深度,改变基坑开挖的宽度,以及改变支撑预加轴力的大小等因素,研究了支护墙体的弯曲变形和位移、基坑外周边地表沉降规律以及基坑底部隆起变形的机理。Finno、Harahap 在文献的基础上,再次应用二维有限元法对基坑开挖中支护墙体的变形作了研究,还针对基坑中心处的回弹量作了分析总结。而 Chiou,Ou 认为文献对基坑拐角处变形,采用平面应变有限元分析其值太小太保守,作者认为基坑开挖过程属三维空间问题,用二维有限元分析不合适。该学者基于三维有限元分析方法对基坑开挖过程中,支护墙体在基坑拐角处的变形情况以及基底的回弹情况作了研究。M. L. EE 和 ROWE 基于三维有限元分析方法的基础模拟了基坑的开挖过程和施工工序,对基坑内外的应力状态引起地表沉降的原因作了研究总结,得出了适合三维有限元分析基坑开挖弹塑性土体所用的本构模型,并给出了求解非线性问题的步骤。Mana 采用了有限元的数值模拟,分析了支护结构的变形、地表的沉降与基底抗隆起安全系数之间的关系,并得到了相应的经验公式。Clough 和 O'Rourke 分析了硬黏土、残积土和砂土的支护结构位移与基坑挖深、地层沉陷和抗隆起稳定系数与墙体刚度之间的关系。Karlsrud 对奥斯陆软黏土分析表明基坑抗隆起稳定系数与基底变形的关系。

1.3 国内对基底周边的隆起与基底回弹的研究现状

开挖基坑时基底上部土体的卸载会导致基底一定深度范围的土体产生回弹变形。这种改变土体性状的一定深度范围称为卸荷影响深度。开挖后,基坑内外土体的应力场和其强度会随之发生变化。卸荷影响深度的准确测定对基坑开挖引起的回弹量的计算,对基坑周围支护结构的入土深度的确定,对工程桩的设计以及对基坑稳定性验算等非常重要。我国学者对卸荷影响深度的探索分别从土体的变形、土体强度变化及应力场变化 3 个方面进行了研究。

侯学渊、徐方京对计算基底隆起量常用的分层总和法、超固结法等计算模型作了深入的研究,对基底以下土层的弹性状态进行了分析比较,对公式中的弹性模量 E 的选取作了评估。他们指出:①弹性模量 E 的选取没有考虑坑内土体侧向挤压效应的影响不合理;②在土工试验中选取的土样做加卸荷试验与原位测试试验求出的弹性模量 E 不等,应考虑对土样扰动的影响;③如果土体属超固结土,即 OCR>1,那么就要用超固结分层总和法计算隆起值,这样就更符合实际情况。

宰金珉以对基坑开挖引起基底的回弹量的求法给出了简化后的估算公式,该公式是以半圆形开挖边界的弹性平面的应力解为基础推导出来的,用此公式求出的解与实测结果对比,比弹性半空间卸荷的传统算法求出的解更接近实际,充分说明了该估算方法更具有合理性。

潘林有和胡中雄通过试验对土样回弹路径的特性作了深入研究,第一次提出了回弹区和强度区的范围,定义了回弹模量、卸荷比、回弹率的指标以及试验方法,并在此基础上进一步提出基坑卸荷回弹的估算方法。

刘国彬和吉茂杰针对软土地区开挖基坑的时空效应对基底隆起的影响作了相关研究,提出了基坑开挖时间及开挖的基坑宽度对隆起量的影响系数,并研究了该软土基坑基底下地铁隧道的位移变化规律,从而推导出考虑基坑施工影响的隧道位移变化的实用计算方法。

刘国彬和黄院雄在大量实测资料的基础上,提出了残余应力的概念,建立了一个新的计算模型。该计算模型应用了残余应力原理和应力路径方法,更重要的是该模型提出了软土的卸荷模量。作者用此计算模型来计算基坑底部的隆起量,并且作了室内应力路径试验。试验研究表明:软土的卸荷模量不仅与土体受荷后的应力路径有关,还与土的物理性质有关,尤其与应力路径密切相关。作者针对上海地区的几种典型软土,做了大量的应力路径试验,尤其是对基坑开挖应力路径的模拟,统计分析了卸荷模量与应力路径存在的关系。该方法考虑了基坑开挖面积、支护结构的贯入深度、基坑开挖的深度、开挖后放置的时间、基坑周围有超载等因素对基底回弹的影响,能够计算出残余深度内任意深度的回弹量。

张国霞和张乃瑞等提出了压剪计算模型,用该模型计算基坑开挖基底的回弹变形,考虑了地基土层的不均匀性和非线性特性,计算北京某个工程基坑回弹量的大小就应用了压剪计算模型,并依据该工程第四纪土地基沉降的实测资料得到了很好的验证。

张乃瑞和沈滨在文献的基础上,对北京地区大量基底隆起量通过压剪计算模型的过程进行了详细的计算,把计算结果和相应的实测资料作了一一对比,进一步证实了该模型比较适合于本地区的第四纪土,并对该模型的内容作了进一步充实。

连镇营进一步修正剑桥模型,模型中用变换应力法把原本构模型由三轴试验的轴对称应力状态延伸到了一般应力状态,这样,在研究基坑开挖过程中,基坑底部土体处于三轴拉伸状态下的强度和变化特性,采用 SMP 准则预测的坑底回弹变形情况可靠性较高。

陈永福提出了非线性的 Biot 固结理论模型,该模型是在之前学者研究开挖基坑,所得基底土体卸荷回弹规律的已有成果基础上建立起来的,作者通过大量的土工实验,并把有限元计算方法与无限元计算方法耦合进行数值模拟分析。对基坑开挖的宽度、深度及横撑的刚度对回弹分布的影响规律作了详细研究,提出了一种估算回弹的计算方法,并对上海地区某软土深基坑工程在支护结构贯入深度比(D/H)为0.8时的基底隆起情况作了分析,得出在该软土地区,开挖基坑基底卸载后的回弹影响范围约为该基坑开挖深度的一倍。

汪中卫和刘国彬提出了一个经验公式,该公式应用了卸荷模量,能够反映地基土的应力历史和应力路径,并应用于某地铁深基坑计算回弹变形中,把计算结果与工程实测值进行了对比,得到了很好的效果。

李玉岐基于一维非稳定渗流理论,在支护墙有较大刚度、基坑大面积开挖的工况下,对基坑内外水头的变化规律给出了相应的计算公式,该公式体现了回弹变形、孔隙水压力、有效应力和坑底水头随时间的变化规律。结论表明:基坑开挖引起地下水有超静孔隙水压力,坑内外产生水头差引发了渗流,致使基坑底部孔隙水压力随着时间的增加而增加,在孔压逐渐增大的过程中,基坑底部的回弹变形也在逐渐增加。作者的研究结果能反映一定的规律,但其计算公式的计算结果与实际有偏差,这主要是因为实际的非稳定渗流是三维问题,而该公式中假设是一维的,并且认为土体的回弹模量是常数也不合理。

韩玉明对北京地区饱和黏性土进行加卸荷回弹实验,试验研究表明:土的回弹模量与卸载比呈双曲线关系,并对此双曲线关系用理论公式加以表述。在该公式中,只要给出土的类型、初始压力P_0、加卸荷量ΔP,就能计算出任意卸荷比的回弹模量。

郝玉龙和古力等基于一系列基本假设,给出了当地基土为饱和土时,基坑开挖土体吸水固结的基本方程,还推导出了单级等速卸载时的吸水固结解析解。利用$e\text{-lg }\sigma'$曲线,一方面解释了卸除超载后地基土回弹变形的机理,此时回弹变形仅"吸水固结区"有;另一方面给出了"有效卸载量"的概念,进一步推导出吸水回弹变形的计算公式。依托某工程实例,分析了加载预压后再卸载时,"吸水固结区"超静孔隙水压的产生及消散的全过程,同时分析了回弹变形的规律,得出加载再卸载地基回弹变形小且稳定快的现象。

胡其志和何世秀等依据卸载模量的概念,给出了在某种条件下基坑底部土体隆起的估算公式。

郑列威和胡蒙达研究了开挖长条形基坑,利用弹性力学解析法计算基底土体回弹,还给出了相应的理论公式。

程玉梅针对基坑稳定这一话题,就基坑开挖后,基坑侧壁周围土体的侧压力变化情况作了分析。通过确定卸载时侧向应力与竖向应力 σ_1 的变化关系来确定卸载而造成的应力场变化的范围,通过加、卸载土工试验得出:①侧应力 σ_3 与正应力的区别和联系;②侧应力 σ_3 与土体性质的关系;③从各种先期固结压力开始,侧应力 σ_3 与卸荷的关系曲线。

程玉梅就静止土压力系数,分为卸荷土体、超固结土体及正常固结土体 3 种系数,对这 3 种静止土压力系数的关系作了试验研究,得出卸荷土体的值最大,正常固结土体的值最小。

孙秀竹通过试验研究,得出:①卸载 σ_h-σ_v 的关系是曲线而不是直线;②静止土压力系数是变量而不是常数,尤其卸荷比加荷大得多的情况下;③同种土体的回弹模量与 $\Delta P/P_0$ 的关系具有规律性。

程玉梅对基坑开挖工程中卸荷模量、强度、静止土压力系数等计算指标的选取作了深入研究。卸荷量不同,即开挖深度不同,回弹模量 E_c 就不同,又一次证明了对同一种土体,回弹模量是变量而不是常量。

周健等在 Hvorslev 强度理论的基础上,根据临界状态线、膨胀回弹线、正常固结线的概念得到了等向卸载后土体强度与正常固结土体强度的关系,把一维固结理论应用到弹塑性应力应变模型中,分析了卸荷再固结问题。对不同的卸载级数、卸载量、卸载固结时间,分别对强度的影响作了相应研究。

师旭超等通过对淤泥卸荷的试验研究,得出回弹变形存在临界卸荷比,淤泥的临界卸荷比约为 3.0。当卸荷比小于临界卸荷比时,不发生回弹变形;反之,发生回弹变形,且预压荷载越大,卸荷后回弹量越大,两者属线性增减关系。

淤泥回弹变形包括主回弹变形、次回弹变形及附加次固结变形,其中,附加次固结变形实质上是土固结过程的蠕变。

刘明等针对重塑黏土试样做了轴压剪切试验,即 K_0 固结后卸除围压,得出不同卸荷应力路径下应力与应变的关系。

何世秀等通过真三轴实验,在平面应变条件下,依基坑开挖周边土体的变形情况,对土样做了侧向卸荷应力路径模拟试验,由分析结果可知,该土样的应力-应变关系曲线随着固结压力的增大而增大,由应变硬化型转变为应变软化型,而且土体的切线模量也随之增大。该土样在固结压力较低时,表现为剪胀性;在固结压力较高时,表现为先剪缩后剪胀。

张云军和宰金珉等基于对大量现场实测资料的统计分析,结果表明:在基坑开挖过程中,坑内土体的受力特性不绝对是卸荷,也可能在加荷,不能一概而论。

刘国彬和侯学渊针对软土,作了室内应力路径试验,发现该实验所获得的软土的卸荷模量比常规三轴试验得到的压缩模量大很多,这是因为软土的卸荷模量不仅跟土样所经历的应力路径有关,而且跟土的物理性质相关。

何世秀和周敦云等针对粉质黏土,取原状饱和试样,在对试样不排水条件下,在 K_0 状态下进行卸荷试验,研究该试样的应力-应变关系在卸荷条件下的变化规律,以求得出弹性模量方程表达式。研究结果发现:卸荷条件下该土样的应力-应变曲线为双曲线,与常规三轴压缩试验应力-应变曲线相似。

潘林有和程玉梅在单向固结状态下卸荷,对土样做直接剪切实验,提出了强度残留率、极限卸荷比、临界卸荷比和卸荷比的概念,指出基坑底部以下扰动区的深度大约是开挖深度的 0.56 倍,影响区的深度大约是开挖深度的 1.33 倍。土体结构被扰动后,其强度为原始强度的 62%,过渡区内强度随深度的增加而增加。

潘林有和胡中雄等对土样做常规固结回弹试验,深入分析了土样回弹路径的特性,提出了回弹区和强回弹区、卸荷比、回弹率和回弹模量的概念。当卸荷

比 $R \leqslant 0.2$ 时为回弹区,回弹区深度与基坑宽度有关,基坑宽度越小,回弹区深度也越小。当基坑宽度很大时,$\alpha \approx 1$,回弹深度为 $4D$。强回弹区的厚度仅 2.5 m,回弹量占总回弹量的一半多,当卸荷比 $R > 0.8$ 时,回弹模量急剧降低,回弹率快速增加。建议在工程上减少回弹量采取的措施,尽量减少对土层的扰动,减少基坑底部暴露时间,及时施工垫层等。

秦爱芳和刘绍峰等对软土地区深基坑开挖取土样做土工试验,分析了基坑底部被动区土体的强度变化特征,还分析了被动区土体卸荷后滞留对其强度的影响程度。根据卸荷强度的变化路径,提出了被动区土体卸荷影响的临界深度 h_{cr} 及卸荷影响的最大深度 h_u,h_u 的确定受固结时间影响小,h_{cr} 的确定受固结时间影响大,应考虑固结时间的长短。

孙秀竹等对基坑开挖后取得土样做固结后卸荷快剪实验,作者由强度变化和静止侧压力变化来分析卸荷后基底土体的最大影响深度。由实验数据绘制出的 τ-σ 关系曲线的两个转折点,分别是临界卸荷比和极限卸荷比。临界卸荷比对应卸荷最大影响深度,极限卸荷比对应受影响最大的深度。由临界卸荷比与固结时间的关系推导出的基底以下最大影响深度大约是基坑深度的 1.33 倍。

秦爱芳和胡中雄等对上海软土地区的基坑工程基底以下土体的合理加固深度通过卸载试验作了深入研究。作者依据 K_0 固结试验中,侧压力变化较大;直剪试验中,受卸荷影响最大深度;常规固结试验中,强回弹深度,提出了该软土地区基底以下土体加固深度应在 $0.3H \sim 0.5H$,其中 H 指的是基坑的开挖深度。

邓指军和贾坚对基坑开挖后取得土样做 K_0 固结试验,根据侧向应力松弛法及 E_0-R 法研究了深基坑被动区土体的回弹规律。作者认为在实际工程中基坑底部的回弹影响区应取基坑开挖深度的 $2.0 \sim 2.5$ 倍,强回弹区应取基坑开挖深度的 $0.25 \sim 0.5$ 倍。

张耀东和龚晓南解释说明了在各种各样的工况下,基坑的抗隆起稳定性的计算公式的不同应用,并对计算公式作了深层改进。改进的计算方法不仅考虑了基坑的各种形状、支护结构的埋置深度及基坑底下是否有软土和软土的深度,而且考虑了地基的加固处理及基坑内设工程桩的影响因素,强调了采取坑内地基加固,同时设工程桩,两者共同作用能有效地降低坑底的隆起量。

陆培毅和余建星等基于有限元建立基坑开挖模型,模拟了基坑分步开挖工况和改变支撑的方式,能够计算出基坑开挖卸荷引起的基底土体的回弹量,还可以模拟出设工程桩的减小基底回弹量的幅度为 40% ~ 60%。基坑工程空间效应对基底回弹变形的影响很大,如长方形开挖基坑比正方形开挖基坑引起的回弹量小;在基底拐角处的回弹量比基坑中心回弹量小。

刘国彬和贾付波针对软土土样做了卸载地基回弹的时间效应的试验研究,结果表明:在卸载初期,土体产生明显的回弹,之后产生回弹后效应,卸荷量小的试样在回弹后效应之后,还有压缩蠕变变形。而卸载量大的试样压缩蠕变变形不明显。值得一提的是,在卸载过程中,孔压有所下降,而在整个试验过程中,孔压逐渐上升,并且在各级应力作用下,孔隙水压力变化趋势基本相同。

刘畅和郑刚等基于基坑开挖逆作法施工,基坑底部土体的回弹对支护结构的影响进行了数值模拟研究。研究指出:支撑柱受基底土体回弹作用的影响均向上发生位移,支护结构附近的支撑柱位移小,中间的支撑柱的位移较大;楼板与支护结构的连接方式对边柱位移的影响大,刚接时边柱附加轴力却比铰接时小,但是中间各柱的附加轴力值几乎相等。基底回弹量的大小受楼板与支护结构连接方式的影响较小,基底土体回弹曲线呈现锯齿形,支撑柱所在位置回弹变形小。

上述内容是国内学者对基坑底部卸荷后被动区土体回弹变形的影响因素所作的相关研究。

梅国雄和周峰等基于补偿基础的沉降机理和对实测结果的研究,进一步分析了施工因素对基底土体性状和压缩模量的影响,得出基坑底部土体的隆起形状像倒扣的锅底,也就是在基坑中间部分土体隆起量大,而在四周土体的隆起量小。鉴于此,作者把锅底形底板当作补偿性基础,在基坑开挖过程中,有效地解决了施工因素影响地基土压缩性过大的问题。

李伟强和罗问林等针对深大基坑的开挖对在建公寓楼的影响作了相应的研究,该种基坑基底的回弹变形主要是基坑开挖卸载引起的,而基坑周围的地面会发生沉降。基坑开挖面越大,开挖深度越深,基底回弹量就越大;反之,越小。基坑被动区的回弹量随基底以下深度的增加而减小,减小趋势与土的回弹模量相关。该模量越小,减小得越快;反之,越慢。基坑被动区深度的增加其回弹率也在快速增加。基坑开挖后,要注意保护坑底的浅层土,尽量减少对土层的扰动,同时加快垫层的施工以减少基坑底部的暴露时间。

上述内容是国内学者对基坑底部卸荷后被动区土体回弹变形的分布形态所作的相关研究。

1.4　基坑回弹变形现有计算方法

1.4.1　回弹变形的简化计算方法

简化计算方法可以对基底回弹变形进行预估。该方法认为基坑开挖至基底,在基底平面上的作用相当于自重压力的均布负荷载,这一负荷载使基底以下的土中产生相当的应力,并导致地基回弹,回弹变形按分层总和法计算,其基本公式为

$$S_{(M)} = \sum_{i=1}^{n} \frac{P_c}{E'_{si}} \alpha_{i(M)} h_i \tag{1.1}$$

式中　$S_{(M)}$——基底平面 M 点的回弹变形量;

　　　P_c——基坑底面处的土自重压力;

　　　h_i——第 i 层土的厚度;

　　　E'_{si}——第 i 层土的回弹模量;

$\alpha_{i(M)}$——基底 M 点下第 i 层土应力系数,可按以下不同计算模式取相应值:①基坑开挖卸荷相当于在基底施加均布负荷载;②基坑开挖卸荷相当于在基底施加均布负荷载,同时考虑基坑外侧均布正荷载有超载作用的计算模式;③基坑开挖相当于施加均布负荷载,负荷载分布受基底以下土自重应力制约的计算模式。

此方法的计算深度即回弹变形区深度 Z_a 受基底以下土自重压力的制约,在 Z_a 深度处由基坑卸荷引起的均布负荷载所产生的回弹应力等于基坑底面至该深度的自重压力。

1.4.2 考虑残余应力法的回弹量计算方法

潘林有和胡中雄在深基坑卸荷回弹问题的研究中考虑土体的应力路径和残余应力的基坑隆起变形的计算方法理论性强,计算结果比较可靠,但计算公式相当复杂,需要通过大量的实测资料分析卸荷后各土层的卸荷应力平均值 σ_{zi} 与平均固结应力 σ_{mi} 的关系、各开挖深度下卸荷模量系数 K_{ti} 与残余应力影响深度 h_i 呈二次抛物线变化规律、黏聚力与破坏比 R_f 对卸荷模量系数 K_{ti} 的影响系数。

考虑残余应力的回弹量计算步骤如下:

①插值计算某一开挖深度下的残余应力影响深度范围的 σ_{zi}、σ_{mi};

②按 $E_{ti}=K_{ti}\sigma_{mi}$ 计算残余应力影响深度范围内各深度的卸荷模量系数 k_n;

③计算出内聚力对 $C=10$ kPa 的修正系数;

④计算出内聚力对 $R_f=0.8$ 的修正系数;

⑤运用 $\sum\limits_{i=1}^{n}\dfrac{\sigma_{zi}}{E_{ti}}h$ 即可求出基坑或残余深度内任意深度处的回弹量;

⑥分别考虑不同卸荷面积下的基坑回弹量、不同插入深度情况下的回弹量修正。

1.4.3　桩基基坑坑底隆起的经验公式

根据 20 世纪 80 年代对上海一些桩基工程的实测基底回弹(隆起)资料,例如,上海贸海宾馆基坑深度为 7.6 m,回弹(隆起)为 20 mm 以及计算分析,提出估计桩基基坑回弹(隆起)的经验值公式为

$$S \approx 0.3 \sim 0.5(0.5\%)L \qquad (1.2)$$

式中　S——箱基基坑回弹(隆起)量;

　　　L——基础埋深。

对上海全球金融中心大直径圆形深基坑回弹量采用 $0.15\%L$ 预告,$L = 18.45$ m,计算隆起量 27.7 mm,实测隆起量为 25 mm,基本吻合。

用这一理念可以分析逆作法基坑施工的坑底隆起。逆作法从地面开始,立柱桩和桩始终连为一体,土的隆起始终受到柱-桩的约束,隆起必然比顺作法的桩基基坑隆起小,其经验值公式为

$$S \approx \frac{1}{2} \times 0.15\%L \approx 0.00075L \qquad (1.3)$$

1.4.4　规范法

日本《建筑基础构造设计基准》规定,坑底隆起回弹量 δ,按照下式计算为

$$\delta = \sum \frac{C_{si} \, h_i}{1 + e_{0i}} \lg\left(\frac{P_{Ni} + \Delta P_i}{P_{Ni}}\right) \qquad (1.4)$$

式中　C_{si}——坑底开挖面以下,第 i 层土的回弹指数,可用 e-$\lg p$ 曲线,按应力变化范围做回弹试验确定;

　　　h_i——第 i 层土的厚度;

　　　e_{0i}——相应于 P_{Ni} 第 i 层土的孔隙比;

P_{Ni}——第 i 层土中心的原有土层上覆荷载；

ΔP_i——由开挖引起的第 i 层土的荷载变化量。

根据《建筑地基基础设计规范》（GB 50007—2011），当建筑物地下室基础埋置较深时，地基土的回弹变形量可按下式计算为

$$s_c = \psi_c \sum_{i=1}^{n} \frac{P_c}{E_{ci}} (z_i \overline{\alpha_i} - z_{i-1} \overline{\alpha_{i-1}}) \tag{1.5}$$

式中　s_c——地基的回弹变形量，mm；

ψ_c——回弹量计算的经验系数，当无地区经验时，可取 1.0；

P_c——基坑底面以上土的自重压力，kPa，地下水位以下应扣除浮力；

E_{ci}——土的回弹模量，kPa，按国家标准《土工试验方法标准》（GB/T 50123—2019）中土的固结试验回弹曲线的不同应力段计算。

该方法与带有实际开挖边界的半空间的应力应变状态有较大出入，一般适用于宽基坑且支护结构可靠的基坑，计算结果一般为基坑中心的最大隆起量。卸荷变形参数的确定是该方法最大的误差所在，计算结果往往与实际值相差较大，且多数公式不能计算开挖面以下任意深度的回弹量。但该方法计算简单，在建立有回弹模量与压缩模量之间统计关系的地区仍为工程中最适宜的方法。

坑底隆起值中包含的较大塑性变形是很难采用坑底回弹的理论方法计算，为了简便计算，采用土工离心模型试验资料：

$$\delta = 0.5h_0 + 0.04h_0^2 \tag{1.6}$$

式中　h_0——基坑开挖深度。

1.4.5　宰金珉提出基坑开挖回弹预测的简化算法

其简化算法公式为

$$S_0^t = \frac{2.3Q(1 - \mu_0^2)}{\pi E_0} = \frac{0.732Q(1 - \mu_0^2)}{E_0} \tag{1.7}$$

式中 Q——单位开挖厚度的土体总质量；

       E_0——土体回弹模量；

       μ_0——泊松比。

该方法考虑了土体开挖后的实际应力和应变状态，比传统的计算方法更接近实际。

1.4.6 残余应力分析法

刘国彬等提出了考虑应力路径的计算坑底隆起量的残余应力分析法，此方法采用分层总和法的原理，并依照开挖面积、卸荷时间、墙体插入深度进行修正，基坑开挖时基底以下 z 深度处回弹量 δ 的计算公式为

$$\delta = \eta_a \eta_t \sum_{i=1}^{n} \left(\frac{\sigma_{zi}}{E_{ti}} h_i + \frac{z}{h_r} \Delta \delta \right) \quad\quad (1.8)$$

式中 δ——基坑隆起量，m；

      n——计算厚度的分层数；

      σ_{zi}——第 i 层土的卸荷量，kPa；

      E_{ti}——第 i 层土的卸荷模量，MPa；

      h_i——第 i 层土的厚度，m；

      η_a——开挖面积修正系数；

$$\eta_a = \frac{\omega_0 b}{26.88} \leqslant 3 \quad\quad (1.9)$$

式中 ω_0——布辛奈斯克公式中的中心点影响系数；

      η_t——坑底暴露时间修正系数；根据上海经验，当基坑在某工况下放置

           时间超过 3 d 时，应根据实际情况，时间修正系数 η_t 取 1.1～1.3；

      h_r——残余应力影响深度，m；

      $\Delta \delta$——考虑插入深度与超载修正系数。

该方法基于残余应力的概念，即基坑在开挖卸载后，土体内部颗粒之间会

因为变形协调而存在一定的约束,这个约束即为残余应力。针对基坑工程中开挖卸荷土压力特点,为了描述基坑开挖卸荷对基坑内土体应力状态的影响,引入残余应力系数的概念,即

$$\text{残余应力系数 } \alpha = \frac{\text{残余应力}}{\text{卸荷应力}} \qquad (1.10)$$

对某一开挖深度,α 值随着上覆土层的厚度 h 的增加逐渐增大,到某一深度以后,其值趋向于极限 1.0,说明这一深度以下土体没有卸荷应力,处于初始应力状态。为了方便,本书将 $\alpha = 0.95$ 对应的 h 称为残余应力影响深度,用 h_r 表示。上海地区经验关系为

$$h_r = \frac{H}{0.061\ 2H + 0.19} \qquad (1.11)$$

式中 H——基坑的开挖深度,m;

h_r——残余应力影响深度,m。

开挖面以下土体的残余应力系数 α 的计算公式为

$$\alpha = \begin{cases} \alpha_0 + \dfrac{0.95 - \alpha_0}{h_r^2} \cdot h^2 (0 \leqslant h \leqslant h_r) \\[4mm] 1.0 (h \geqslant h_r) \end{cases} \qquad (1.12)$$

式中 α——开挖面上的残余应力系数;

α_0——上海地区软黏土 $\alpha_0 = 0.30$;

h——计算点处的上覆土层厚度。

由式(1.8)可知,只有准确地确定值 σ_{zi} 和 E_{ti} 值,才能得到正确的隆起值。第 i 层土的卸荷应力平均值 σ_{zi} 由下式计算为

$$\sigma_{zi} = \sigma_0 (1 - \alpha_i) \qquad (1.13)$$

式中 σ_0——总卸荷应力;

α_i——第 i 层土的残余应力系数。

在基坑开挖施工过程中,基坑底部土体中的应力路径在不断地变化,研究表明,软土的模量和应力路径密切相关,卸荷模量 E_{ti} 可由下式计算为

$$E_{ti} = \left[1 + \frac{(\sigma_{Vi} - \sigma_{Hi})(1 + K_0)(1 + \sin \varphi) - 3(1 - K_0)(1 + \sin \varphi)\sigma_{mi}}{2(c \cdot \cos \varphi + \sigma_{Hi} \cdot \sin \varphi)(1 + K_0) + 3(1 - K_0)(1 + \sin \varphi)\sigma_{mi}} \cdot R_f \right]^2 \cdot$$

$$\overline{E_{ui}} \cdot \sigma_{mi}$$

$$(1.14)$$

式中 σ_{Vi}——第 i 层土体垂直方向的平均应力;

σ_{Hi}——第 i 层土体水平方向的应力;

σ_{mi}——第 i 层土体的平均固结应力;

c——黏聚力;

φ——内摩擦角;

K_0——静止土压力系数;

R_f——破坏比;

$\overline{E_{ui}}$——初始卸荷模量系数。

R_f 值一般为 $0.75 \sim 1.0$;$\overline{E_{ui}}$ 值变化范围一般为 $80 \sim 250$,根据应力路径和土的类别取值。其中,σ_{Vi}、σ_{Hi}、σ_{mi} 的选取需要考虑基坑的空间效应,具体取值见下式:

$$\sigma_{Vi} = \alpha_i \sigma_0 + \sum_{i=1}^{n} \gamma_i h_i$$

$$\sigma_{Hi} = K_0 \left(\sigma_0 + \sum_{i=1}^{n} \gamma_i h_i \right) - \frac{1}{R} \sigma_0 (1 - \alpha_i)$$

$$\sigma_{mi} = \frac{1 + 2K_0}{3} \left(\sigma_0 + \sum_{i=1}^{n} \gamma_i h_i \right) \qquad (1.15)$$

式中 R——加卸荷比;

γ_i——第 i 层土体的重度。

1.5 基底回弹机理的研究

基底回弹与隆起的原因综合各个参考文献有以下几个方面的共识:

①在基坑开挖过程中,基底以上土体自重应力释放,导致基底一定范围内的土体被卸荷回弹。又因基坑周围的支护结构对其邻近土体的回弹有约束作用,故在基底的边角部分回弹量最小,而基坑中央回弹量最大,这样坑底的回弹如反扣锅盖。

②基坑开挖完成后,基坑周围土体在自重作用下,坑底土体向上隆起。支护结构向基坑内侧变位,被动区土体类似三轴拉伸状态,由此产生的被动区土体的三轴拉伸剪切变形,造成基底的隆起。基底隆起的最大点不在基坑最边缘,是因为支护结构对土体伸长变形的约束。支护结构的抗弯刚度越小,入土深度越小,水平支撑距坑底的距离越大等都会增大被动区土体因剪切变形而引起的基坑坑底隆起变形。

③基底土体产生回弹后,若不及时回填,土体的松弛与蠕变会再次增加隆起量。

④支护结构在水压力作用下,在墙角处,内外土体因发生塑性变形而上涌。对黏性土,若基坑有积水,土颗粒吸水使土的体积增大而发生隆起变形。

⑤若基底以下有承压水时,隔水层以上的上覆土厚度因基坑开挖而减小,当上覆土重不足以抵抗下部水压力时,基底就会发生隆起破坏。

1.6　本书仍存在的问题

迄今为止,在研究基坑向上变形方面,有室内土工试验、现场监测,还有多种计算公式以及计算模型,但仍存在以下问题:

首先,计算公式假设条件太多,与实际工程相差较大,计算结果与实测值偏差大。

其次,研究向上变形的学者甚少,向上变形容易被忽视,向上变形的实测资料少,许多基坑工程都不做这方面的监测。

再次,计算本构模型的选取比较困难,没有哪一种本构模型绝对适合某个基坑工程,选定的模型,选取土工参数上势必就有困难。

最后,土工试验方法取土为小尺寸试件,而且土样原结构会被扰动;现场实测耗时耗力,向上变形标志很难保持完好无损。上述方法也很难反映基坑开挖的时空效应。

1.7 本书研究的思路

数值模拟法选用土的本构模型灵活,可依据不同土体情况,从众多本构模型中选择最合适的,也可以充分考虑基坑开挖的空间效应,对有地下水的深大复杂基坑更能体现出其优越性。尽管如此,数值模拟也不是尽善尽美,其编程过程复杂,不是专业技术人员是不行的,在选土工参数时比较困难,需结合经验丰富的工程师的综合判断。

为了研究基坑开挖基底向上变形规律,本书借助 FLAC 3D 4.0 软件,采用以下研究思路:

首先,分析比较了 Mohr-Coulomb 模型、修正 Mohr-Coulomb 模型和 C-Y 模型的优劣。

其次,建立一个 20 m 深基坑模型,通过数值模拟与多种计算公式对基坑抗隆起稳定性系数的分析比较来判定基坑是否稳定,以保证基坑在不发生隆起破坏的前提下,继而研究 δ 的变形规律。

再次,本书采用数值模拟方法基于不同工况选用不同本构模型分别对基坑空间效应、周围环境、有无工程桩等对基底向上变形的影响程度作详细研究。

最后,以太原市某一深大基坑工程为例,先借助抗隆起稳定系数公式判定基坑支护是否稳定,后依托工程实例,运用前面所得 δ 规律建模,优化降水方案,得出数值模拟结果,结合工程实测和土工实验数据对比 δ 值,从而总结出一系列规律,获得一些认识和结论,用于指导实践。

1.8 本书主要研究的内容及技术路线

1.8.1 本书主要研究的内容

①为了比较抗隆起稳定性系数计算的优劣,本书基于一个 20 m 深基坑,采用传统公式与数值模拟结果进行比较。

②本书在选用土的本构模型时,首先分析比较 Mohr-Coulomb 模型、修正 Mohr-Coulomb 模型和 C-Y 模型的内涵,然后在不同章节分别运用三大模型原理,相得益彰,各显千秋。Mohr-Coulomb 模型是经典模型,是其他诸多模型的基础。该模型运用于计算机程序,运算速度快,能反映一定的规律,在研究基坑开挖空间效应对基底向上变形的影响时采用了 Mohr-Coulomb 本构模型。Mohr-Coulomb 模型未考虑同一种土不同深度处杨氏模量的不同,计算与工程实际差异大。在修正 Mohr-Coulomb 模型中,考虑基于 Duncan-Chang 本构模型的土体切线模量随小主应力变化,在研究基坑周围环境及有无工程桩对基底向上变形的影响时采用修正 Mohr-Coulomb 本构模型。C-Y 模型是在 Mohr-Coulomb 模型的基础上进一步考虑了静水压力作用下的帽盖屈服,在研究降水对基底向上变形的影响时采用 C-Y 模型。

③为了研究基坑周围环境对基底向上变形的影响程度,本书借助 FLAC 3D 4.0 软件,基于修正 Mohr-Coulomb 模型原理,依托某 20 m 深基坑工程建模,采用数值模拟方法,寻找基坑周围土体参数、地下连续墙插入基坑底深度及基坑外有无外荷载等情况基底 δ 的变化规律。

④为了研究基坑开挖空间效应对基底向上变形的影响程度,本书借助 FLAC3D 4.0 软件,基于 Mohr-Coulomb 模型原理,依托某 20 m 深基坑工程建模,采用数值模拟方法,寻找基坑开挖空间效应对基底回弹影响程度。

⑤为了研究基坑开挖工程桩对基底向上变形的影响程度，本书借助 FLAC 3D 4.0 软件，基于修正 Mohr-Coulomb 模型原理，依托某 20 m 深基坑工程建模，采用数值模拟方法，寻找工程桩各项参数变化在不同开挖深度下基底 δ 值的变化规律，为工程师合理设计工程桩提供可靠依据。

⑥为了研究施工开挖前基坑内降水完成即一次降水 23 m 深改变连续墙模量、基坑外水位及支撑位置对基底向上变形的影响程度，本书借助 FLAC 3D 4.0 软件，基于 C-Y 模型原理，依托某 20 m 深基坑工程建模，采用数值模拟方法，连续墙模量取 5.7,12.1,18.5,25 GPa，基坑外水位取地表位置，地表以下 4.0, 8.0,12.0 m，支撑位置取 3 种工况，寻找在各种开挖深度下基底的 δ 值变化规律。

⑦在上述模型的基础上，为了研究施工开挖渗流在降水的不同工况下对基底向上变形的影响程度，寻找在各种开挖深度下基底的 δ 值变化规律。

⑧本书通过数值模拟分析、工程实测和回弹再压缩实验对 20 m 深基底的 δ 值分析比较，得出结论。

1.8.2 本书主要研究的技术路线

本书内容多，为了使本书的层次更分明，条理更清楚，列出如图 1.2 所示的技术路线。

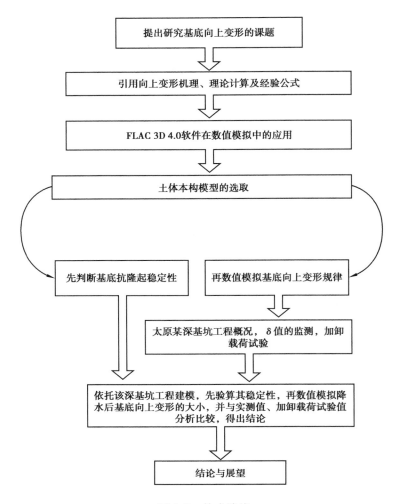

图 1.2 技术路线

第2章 应用 FLAC3D 4.0 软件建模

2.1 引言

在深基坑开挖和降水的过程中,引起基底向上变形的研究方法常见的有室内土工试验、原位测试和数值模拟。其优缺点比较如下。

室内土工试验一般使用小尺寸试件,尤其是难以采取原状结构样品的岩土体。为了在取样过程中避免受应力释放的影响,需要在现场测定岩土体在原位状态下的力学性质及其他指标,以此来弥补实验室测试的不足。

原位测试也称现场试验、就地试验或野外试验。原位测试是一种岩土工程勘测技术,即在土层不受影响的情况下对土层的物理力学性质指标和土层进行划分。许多试验方法是随着对岩土体的深入研究而发展起来的。其优点是可在拟建工程场地进行测试,不用取样;所测试的土体积比室内土工试验样品大,这样可以更好地观测土的宏观结构(如裂隙、夹层)对土的性质的影响;很多原位测试技术的可连续性使土层的剖面及其物理力学性质指标得以完善。鉴于以上优点,原位测试提高了获取岩土体宏观结构特征工程性状参数的准确性。其缺点是难以控制测试中的边界条件;一般试验周期长,在人力、物力和时间上耗费较大,成本高。

数值模拟具有灵活、实用、有效、成本低、不受室内外环境限制、不受试件尺寸大小限制、规律性明显等优点。室内土工试验结合原位测试可以为数值模拟提供岩土体参数,在实际工程中 3 种方法结合使用,相得益彰。

2.2 数值计算方法介绍

FLAC3D 是由国际著名学者、英国皇家工程院院士、离散元的发明人 Peter Cundall 博士在 20 世纪 70 年代中期开始研究开发的面向土木建筑工程、环境工程等的通用软件系统,是由美国 Itasca 国际咨询集团公司开发的软件核心产品。1994 年 FLAC3D 已在全球 70 多个国家得到广泛应用,在国际土木工程,尤其是岩土工程的学术界赢得广泛赞誉。

FLAC3D 的计算公式是基于有限差分方法得出的,与现行的数值计算方法相比,有着非常明显的优点:第一,在计算中采用"混合离散法"对材料进行塑性破坏和塑性流动的模拟要比常规有限元法中采用的"离散集成法"数值积分更为合理,更为精确。第二,静态系统和动态系统的模拟都采用了动态运动方程,避免了不稳定模拟过程中出现任何障碍。第三,FLAC3D 使得非线性的大变形问题以及实际工程中的不稳定问题的模拟程序相对于有限元程序更有效、更快捷,这是因为在求解中采用"显示解"的差分方法可以在相等的容量内求解更多的结构单元,有效地节约了内存空间,减少了运行时间。FLAC3D 还可以和其他软件进行数据互换,这些软件包括 ANSYS、ABAQUS、ANSA、HyperMesh 等。用户可以根据自己所熟悉的软件编制程序,通过转换接口程序把数据导入 FLAC3D 中,方便使用。

2.3 计算基本原理

随着计算机计算性能的发展,岩土工程数值计算方法得到了前所未有的发展。数值模拟分析方法包括有限元法、有限差分法、离散元法等。而三维快速拉格朗日分析在求解中使用了 3 种计算方法:①离散模型法。连续介质被离散成若干个六面体单元,作用力均被集中在节点上。②有限差分法。变量关于时间和空间的一阶导数均用有限差分来近似。③动态松弛法。由质点运动方程求解,通过阻尼使系统运动衰减至平衡状态。这 3 种方法合成混合离散法,既将区域离散为常应变六面体单元的集合体,又将每个六面体看作以六面体角点为角点的常应变四面体的集合体,应力、应变、节点不平衡力等变量均在四面体上进行计算,六面体单元的应力、应变取值为其内四面体的体积加权平均。这种方法既防止了常应变六面体单元常会遇到的位移剪切锁死现象的发生,又使得四面体单元的位移模式可以充分适应一些本构的要求(图 2.1)。

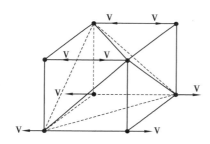
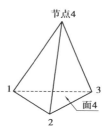

图 2.1　标准六面体的四面体离散　　　图 2.2　有限差分区域的四面体离散

2.3.1　导数的有限差分近似

前已述及,FLAC3D 的计算均在四面体上进行,现以一个四面体说明计算时导数的有限差分近似过程。如图 2.2 所示的四面体,节点编号为 1—4,第 n 面表示与节点 n 相对的面,设其内任一点的速率分量为 v_i,则可由高斯公式得

$$\int_V V_{i,j} \mathrm{d}V = \int_S v_i n_j \mathrm{d}S \tag{2.1}$$

式中　　V——四面体的体积;

　　　　S——四面体的外表面;

　　　　n_j——外表面的单位法向向量分量。

$$V_{i,j} = -\frac{1}{3V} \sum_{i=1}^{4} v_i^l n_j^{(l)} s^{(l)} \tag{2.2}$$

式中　l——节点 l 的变量；

(l)——面 l 的变量。

2.3.2　运动方程

FLAC3D 的计算对象是节点，并且将力和质量全都集中在节点上，并通过运动方程在时域内进行求解。节点运动方程可表示为

$$\frac{\partial v_i^l}{\partial t} = \frac{F_i^l(t)}{m^l} \tag{2.3}$$

式中　$F_i^l(t)$——在 t 时刻 l 节点的在 i 方向的不平衡力分量，可由虚功原理导出；

m^l——i 节点的集中质量，在静态分析时采用虚拟质量以保证数值稳定，在动态分析时则采用实际的集中质量。

将式（2.3）左端用中心差分来近似，则可得

$$v_t^l\left(t + \frac{\Delta t}{2}\right) = v_t^l\left(t - \frac{\Delta t}{2}\right) + \frac{F_i^l(t)}{m^i}\Delta t \tag{2.4}$$

2.3.3　应变、应力及节点不平衡力

FLAC3D 由速率来求某一时步的单元应变增量，如下式

$$\Delta e_{ij} = \frac{1}{2}(v_{i,j} + v_{j,i})\Delta t \tag{2.5}$$

有了应变增量，可由本构方程求出应力增量，然后将各时步的应力增量叠加即可得到总应力。在大变形情况下，尚需根据本时步单元的转角对本时步前的总应力进行旋转修正。随后即可由虚功原理求出下一时步的节点不平衡力，进入下一时步的计算。

2.3.4　阻尼力

对静态问题，FLAC3D 在式（2.3）的不平衡力加入了非黏性阻尼，以使系统

的振动逐渐衰减直至达到平衡状态（即不平衡力接近零）。此时式（2.3）变为

$$\frac{\partial v_i^l}{\partial t} = \frac{F_i^l(t) + f_i^l(t)}{m^i} \tag{2.6}$$

阻尼力 $f_i^l(t)$ 为

$$f_i^l(t) = -\alpha \left| F_i^l(t) \right| \mathrm{sign}(v_i^l) \tag{2.7}$$

式中　α——阻尼力系数，其默认值为 0.8，而

$$\mathrm{sign}(y) = \begin{cases} +1 \ldots\ldots\ldots\ldots (y > 0) \\ -1 \ldots\ldots\ldots\ldots (y < 0) \\ 0 \ldots\ldots\ldots\ldots (y = 0) \end{cases} \tag{2.8}$$

2.3.5　计算循环

FLAC3D 的循环计算如图 2.3 所示。

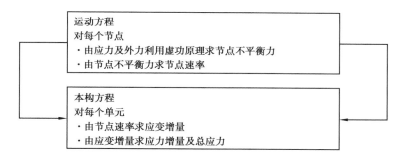

图 2.3　FLAC3D 的循环计算图

2.4　模型的建立

FLAC3D 包括 12 种基本形状的网格，建模的时候应该根据所要分析的岩土问题选择相应的网格模型并进行网格划分。网格在划分的时候可以对重点的研究对象进行网格加密并且不需要均匀划分网格，这样可以保证模拟结果更准确，更切合实际。对非重点研究部分，网格尽量稀疏，这样计算机运算速度更

快,效率更高。本书模拟基坑开挖,用到了矩形体外环绕放射状网格,即基坑周围网格加密,基坑外土体网格逐渐稀疏。

2.4.1　材料参数赋值

当模型建好后,需要给材料参数通过 Property 命令赋值,为了避免运行的时候出现错误,对不同的本构模型进行材料赋值时要有相对应的本构模型,所需要的材料参数各不相同,对没有给定参数的本构模型系统会默认为 0。

2.4.2　边界条件

模型边界有位移边界条件和应力边界条件两种条件。设置边界条件的命令有 APPLY、FIX 和 FREE 3 种。在使用边界条件的时候往往会出现施加到整个模型的情况是因为没有指定范围(range)。FREE 命令用来释放由 FIX 对节点所设置的约束,APPLY 命令用来施加应力或荷载,APPLY remove 命令用来去除边界条件。

2.4.3　求解及后处理

求解时可以执行 Solve 命令或 Step 命令,当执行 Solve 命令超过最大不平衡力时,即达到 1×10^5 时系统默认求解结束。执行 Step 命令可根据实际需要来设置运行步数,当达到指定的条件时,求解过程结束。

2.4.4　FISH 语言的应用

FISH 语言是 FLAC3D 内置的语言,通过 FISH 语言,用户可以定义新的变量、函数,自主编程。define、end 分别为 Fish 命令的开始命令和结束命令,函数之间可以互相调用。

2.4.5　结构单元

本书所用的结构单元包括地下连续墙、支撑和工程桩,即基坑周围的支护结构采用地下连续墙、基坑采用内支撑来限制地下连续墙向坑内位移、基坑底部打入工程桩来减小基坑开挖基底的向上变形。下列分别详细叙述用 FLAC3D 4.0 软件怎样模拟各种结构单元(图 2.4)。

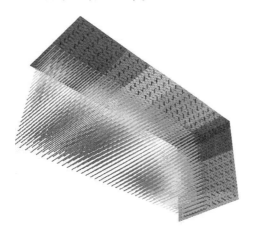

图 2.4　基坑结构单元模型图

2.4.5.1　支撑的模拟方法

(1)梁结构单元的力学特性

在 FLAC3D 中,剪力墙支撑的模拟采用梁结构单元(beam)来模拟,梁结构单元由两个对称面之间的两个节点直接相连的线段构成,几个梁构件构成一道支撑。每个梁构件都是线性弹性材料,具有各向同性和无屈服的特点,同时可以引进塑性铰链或者指定塑性力矩。每个梁构件都可以在自己独立的局部坐标系统下设定截面惯性矩和荷载。

FLAC 中的 beam 在局部坐标系统下共有 12 个自由度,如图 2.5 所示。梁构件的符号规定如图 2.6 所示。

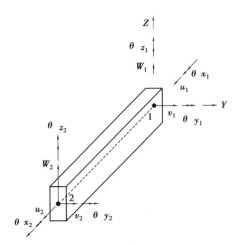

图 2.5　梁结构单元坐标系统及 12 个自由度

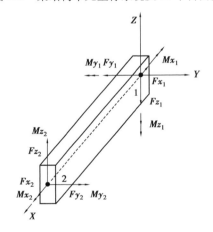

图 2.6　梁结构构件力和力矩的符号规定

（2）梁结构单元的参数

在 FLAC3D 中使用的梁结构单元需要 10 个参数：

density——材料密度，ρ；

emod——弹性模量，E；

nu——泊松比，μ；

pmoment——塑性距，M_p；

thexp——热膨胀系数 α_t；

xcarea——横截面积，A；

xciy——梁结构的 y 轴的二次矩（惯性矩），I_y；

xciz——梁结构的 z 轴的二次矩（惯性矩），I_z；

xcj——极惯性矩，J；

ydirection——矢量 Y。

在梁结构单元中只要给出矩形单元横截面的高度和宽度就可自动计算出横截面积和惯性矩，其他的参数则需要计算或查询。

2.4.5.2　地下连续墙的模拟方法

（1）衬砌的力学特性

在 FLAC3D 中，地下连续墙的模拟采用衬砌（liner）结构单元，liner 结构单元是可以抵抗表面荷载和弯曲荷载的壳体结构。liner 有 5 种有限单元（cst、csth、dkt、dkt-cst、dkt-csth），cst 有限单元有 6 个自由度，csth 混合型有限单元有 9 个自由度，dkt 有限单元有 9 个自由度，dkt-cst 有限单元有 15 个自由度，dkt-csth 混合有限单元有 18 个自由度。其中，系统默认 dkt-cst 有限单元，它结合了 dkt 和 cst 有限单元，能够承受薄膜荷载及弯曲荷载。liner-set 同样存在上述 5 种有限单元，它不仅提供壳体结构的力学特性，还考虑了衬砌与 FLAC3D 网格间发生剪切方向的摩擦交互作用，也可以与网格分离或结合，用以模拟与土体发生摩擦和拉压。

衬砌单元与周围介质的相互作用是由法向和切向弹簧连接参数来实现的。法向弹簧参数为单位面积刚度 cs-nk 和抗拉强度 cs-ncut。剪切弹簧刚度为单位面积刚度 cs-sk、黏结强度 cs-scoh、残余黏结强度 cs-scohres、摩擦角 cs-sfric 和接触面主向应力 σ_n。

衬砌是被黏附在 FLAC3D 的网格表面之上的，衬砌的节点界面的交互特性如图 2.7 所示；而构件的法向特性如图 2.8 所示，构件的剪切方向的特性如图 2.9 所示。

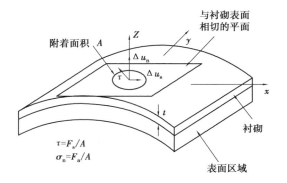
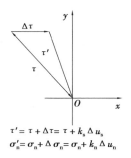

$$\tau = F_s/A$$
$$\sigma_n = F_a/A$$

$$\tau' = \tau + \Delta\tau = \tau + k_s\,\Delta u_s$$
$$\sigma_n' = \sigma_n + \Delta\sigma_n = \sigma_n + k_n\,\Delta u_n$$

图 2.7　衬砌节点的理想化的界面模型

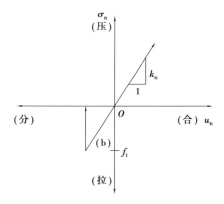

图 2.8　衬砌结构单元法线方向的界面强度

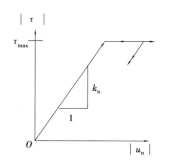
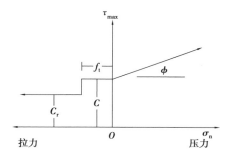

（a）剪切应力-剪切位移关系　　　　　　　（b）剪切强度准则

图 2.9　衬砌剪切方向的界面特性

（2）衬砌单元的参数

每个衬砌单元有下列 12 个特性参数：

density——密度，M/L^3；

isotropic——各向同性材料参数：杨氏模量 $E(F/L^2)$ 和泊松比 ν；

thexp——热膨胀系数 α_t，$1/T$；

thickness——厚度，L；

cs-ncut——法向连接弹簧的拉伸强度 f_t，F/L^2；

cs-nk——法向连接弹簧的单位面积上刚度 k_n，F/L^3；

cs-scoh——切向连接弹簧的黏聚力 C，F/L^2；

cs-scohres——切向连接弹簧的残余应力 C_r，F/L^2；

cs-sfric——切向连接弹簧的摩擦角 φ，$(°)$；

cs-sk——切向连接弹簧每单位面积的刚度 k_s，F/L^3；

slide——大应变滑移标记默认为关；

Slide-tol——容许的大应变滑移值。

在建模时，衬砌接触面区域刚度一般高于周围材料。但有的时候，衬砌接触面区域的材料与周围的材料可能发生滑移或张开，此时衬砌则需要一种滑移或者是在接触面域内张开的模式，采用设置衬砌的 k_n、k_s 值为邻域岩土材料刚度的 10 倍。在衬砌表面法向上计算单元的表观刚度（在单位长度的应力）为

$$\max\left[\frac{K+\dfrac{4}{3}G}{\Delta Z_{\min}}\right] \tag{2.9}$$

式中　K——体积模量；

　　　G——剪切模量；

　　　$\Delta Z_{\min}$——衬砌法向上相邻单元最小尺寸；

　　　$\max[\ ]$——在相邻的衬砌中的所有区域所取的最大值。

2.4.5.3 工程桩模拟方法

（1）桩结构单元的力学特性

在 FLAC3D 中桩有两种模拟方法：一种是采用桩结构单元 Pile 来模拟；另一种是采用实体单元 ZONE 来模拟桩体。本书基坑开挖，基底设的工程桩采用桩结构单元 Pile 来模拟。另外，对第一种桩结构单元则需要通过几何参数、材料参数、耦合弹簧参数来定义，桩与实体单元之间的相互作用通过切向和法向的耦合弹簧来实现；而第二种实体单元则是实体单元桩与土体之间建立的接触面 Interface 来实现桩与土之间的相互作用。

桩结构单元 Pile 的组成很简单，由两个各具有 6 个自由度的节点直线段组成。桩结构单元主要是模拟桩和地基土之间法线方向和剪切方向的接触作用，既可以模拟端承力摩擦作用，也可以模拟桩侧摩擦作用。

桩单元的剪切连接弹簧的力学特性如图 2.10 所示。

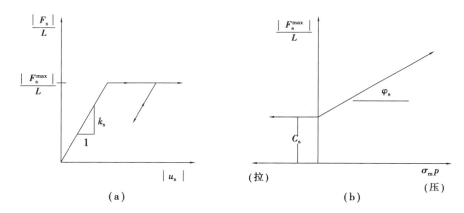

图 2.10　桩结构单元剪切弹簧的力学性质

如图 2.10(a)所示，桩节点与岩土体网格之间的相对位移产生的剪切力在数值上有以下关系：

$$\frac{|F_s|}{L} = \text{cs-sk}\,|u_p - u_m| = \text{cs-sk}\,|u_s| \leqslant \frac{|F_s^{\max}|}{L} \tag{2.10}$$

式中　F_s——剪切耦合弹簧产生的剪切力，N；

$\quad F_s^{\max}$——桩可承受的最大剪力，N；

$\quad$cs-sk——剪切耦合弹簧刚度，N/m^2；

$\quad u_p$——桩的轴向位移，m；

$\quad u_m$——岩土介质界面的轴向位移，m；

$\quad u_s$——桩土之间的相对滑移，m；

$\quad L$——桩的有效作用长度，m。

如图 2.10（b）所示，沿桩—网格界面可能产生的单位长度桩可承受的最大剪力有以下关系：

$$\frac{\left| F_s^{\max} \right|}{L} = \text{cs-scoh} + \sigma_m \times \tan(\text{cs-sfric}) \times \text{perimeter} \tag{2.11}$$

式中　cs-scoh——剪切耦合弹簧的黏结强度，N/m；

$\quad \sigma_m$——垂直于桩单元的平均有效侧限应力，N/m^2；

$\quad$cs-sfric——剪切耦合弹簧的摩擦角，(°)；

$\quad$perimeter——桩单元的暴露周长，m。

桩结构单元中的剪切弹簧内聚力 cs-scoh 相当于桩身每米的侧摩阻力，桩的极限承载力可计算为

$$P_u = \text{cs-scoh} \times L \tag{2.12}$$

式中　P_u——桩的极限承载力，N；

$\quad$cs-scoh——剪切弹簧内聚力，N/m；

$\quad L$——桩的长度，m。

（2）桩结构单元的参数

桩土接触面的剪切应力作用主要考虑其黏聚力和摩擦力，桩周切向弹簧的作用是通过 5 个参数进行反映的，5 个参数分别是 cs-sk、cs-scoh、cs-sfric、perimeter 和 σ_m。

在本次模拟中，只考虑竖向荷载作用下桩的受力特性，不考虑水平荷载，在

模拟时,主要考虑剪切耦合弹簧的受力特性与参数。

2.4.5.4　结构单元响应的监控

结构单元的响应可通过 FISH 语言实现:

用 PRINT sel liner(beam/pile)命令打印,这里类型 type = {coupling 和 nforce};

用 HISTORY sel liner(beam/pile)命令监控;

用 Sel liner(beam/pile)命令绘图。

2.5　渗流计算模式

FLAC3D 包括静力模式、动力模式、蠕变模式、渗流模式、温度模式 5 种计算模式。模拟时为了使结果与实际情况更加相符,需要根据情况选择合理的模型、计算模式及线性或非线性的材料参数。

FLAC3D 可以模拟多孔介质中的流体流动,如地下水的渗流问题。除此之外,FLAC3D 可以单独进行流体计算,只考虑渗流的作用进行流体与力学的耦合计算。

FLAC3D 的渗流计算可以总结为以下几个特点:

①针对土体的渗流特点,不同的土体具有不同的渗流特点,其对应的计算模型有各向同性模型、各向异性模型及不透水模型。

②根据不同的单元设置不同的渗流模型和渗流参数。

③FLAC3D 的渗流计算的流体边界条件有流体压力、涌入量、渗漏量、不可渗透边界、抽水井、点源或体积源等。

④计算渗流问题时可以采用显式差分法或隐式差分法,对完全饱和土体中既可以采用显式又可以采用隐式差分法,且隐式差分法的计算速度较快,但是对非饱和土体的渗流问题只能用显式差分法。

⑤渗流模型与其他模型可以相互耦合。

⑥土体颗粒的压缩程度由流-固耦合的程度决定,而比奥系数可表示其颗粒的可压缩程度。

⑦FLAC3D 的渗流计算对动荷载引起的动水压力的升高及液化问题有很大的帮助。

在计算命令中设置 Config fluid 才可以进入渗流模式,另外,渗流模式下必须设置 Model fl_isotropic、Model fl_anisotropic、Model fl_null 这 3 种渗流模型。而瞬态渗流、有效应力及不排水计算的计算与渗流模式是否打开没有关系,并且孔隙水压力会随着浸润线的改变而改变。在进行流固完全耦合计算的情况下,孔隙水压力的改变与土体产生力学变形会彼此影响。

在流体模型的基础上设置的流体参数主要有渗透系数、孔隙率、比奥系数、流体模量、比奥模量、饱和度、流体的抗拉强度、流体密度。

2.6 建模

首先,建立一个 20 m 深的基坑模型,取模型的长是坑深的 10 倍,宽是坑深的 9 倍,其中深度 z 的确定,在工程应用及设计中考虑基坑的回弹影响区设为 2.0～2.5 倍的基坑开挖深度,通过“generate zone brick”建立一个长、宽和高分别为 200 m、180 m 和 80 m 的长方体;其次,在该模型的中心位置通过“generate null brick”开挖一个 20 m 深的基坑,基坑的长宽根据后续需要设置;再次,支护结构采用的是地下连续墙(liner)加水平内支撑(beam);最后,分步开挖基坑。基坑的支护采用 1 m 厚的地下连续墙,内部每开挖一步设置一道水平支撑,由于模型及基坑为轴对称图形,所以取模型的 1/4 为研究对象。模型的底边处 x、y、z 方向均进行约束,侧面的只进行 x、y 方向的约束。

第3章　土体本构模型的选取

3.1　引言

所谓土的弹塑性本构模型是指把土的弹塑性应力与应变关系用数学公式表达的形式。岩土材料的多样性及岩土力学特性的差异性使人们无法采用统一的本构模型来表达其在外力作用下的力学响应特性,只能用多种本构模型来表达其在外力作用下的力学响应特性。FLAC3D 是一种强大的岩土分析软件,可用于模拟三维土体、岩体或其他材料体力学特性,尤其是达到屈服极限状态塑性流变特性。FLAC3D 4.0 包含的本构模型见表 3.1。

表 3.1　FLAC3D 4.0 本构模型

本构模型	代表的材料模型	应用范围
空模型	空	洞穴、开挖及回填模拟
各向同性弹性模型	均质各向同性连续介质材料,具有线性应力应变行为的材料	低于强度极限的人工材料(如钢材)力学行为的研究、安全系数的计算等
正交各向异性弹性模型	具有 3 个相互垂直的弹性对称面的材料	低于强度极限的柱状玄武岩的力学行为研究
横观各向同性弹性模型	具有各向异性力学行为的薄板层状材料(如板岩)	低于强度极限的层状材料力学行为研究

续表

本构模型	代表的材料模型	应用范围
德鲁克-普拉格（Drucker-Prager）塑性模型	极限分析、低摩擦角软黏土	用于和隐式有限元软件比较的一般模型
摩尔-库仑塑性模型	松散或胶结的粒状材料：土体、岩石、混凝土	岩土力学通用模型（边坡稳定、地下开挖等）
应变强化/软化摩尔-库仑塑性模型	具有非线性强化和软化行为的层状材料	材料破坏后力学行为（失稳过程、矿柱屈服、顶板崩落等）的研究
遍布节理塑性模型	具有强度各向异性的薄板层状材料（如板岩）	薄层状岩层的开挖模拟
双线性应变强化/软化摩尔-库仑塑性模型	具有非线性强化和软化行为的层压材料	层状材料破坏后力学行为的研究
修正剑桥模型	变形和抗剪强度是体变函数的材料	位于黏土中的岩土工程研究
胡克-布朗塑性模型	各向同性的岩质材料	位于岩体中的岩土工程研究
双屈服塑性模型	压应力引起体积永久缩减的低胶结粒状散体材料	注浆或水力充填模拟
Cap-Yield 塑性模型	Cysoil 模型是针对在 (p,q) 平面内的椭圆形帽子问题的双屈服模型的延伸	注浆或水力充填模拟

3.2 摩尔-库仑模型

在表 3.1 所列的 13 种本构模型中,摩尔-库仑模型是计算效率最高的塑性模型之一,其他塑性模型的计算则需要更大的内存和更多的时间。摩尔-库仑模型是岩土力学通用模型,研究基坑开挖空间效应对基底回弹的影响采用了该模型,如图 3.1 所示。摩尔-库仑模型包括增量弹性法则、破坏准则和流动准则。

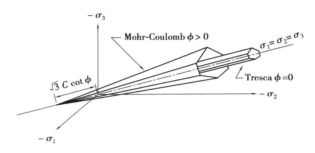

图 3.1 主应力空间中摩尔-库仑屈服面与 Tresca 屈服面比较

3.2.1 增量弹性法则

土的弹塑性模型是建立在增量塑性理论基础上的。在 FLAC3D 程序中,摩尔-库仑弹塑性模型的 3 个主应力和主方向是从应力张量分量计算(压应力为负,拉应力为正)。3 个主应力的大小如下:

$$\sigma_1 \leqslant \sigma_2 \leqslant \sigma_3 \tag{3.1}$$

塑性增量理论假定土的主应变增量 Δe_1、Δe_2、Δe_3 分解为可恢复的弹性应变 e^e 和不可恢复的塑性应变 e^p 两个部分:

$$\Delta e_i = \Delta e_i^e + \Delta e_i^p, i = 1, 3 \tag{3.2}$$

其中,上标 e 和 p 分别指弹性、塑性部分,塑性分量只在塑性流动阶段不为零。

弹性应变增量可以由广义胡克定律求得,胡克定律的主应力和主应变的增量表达式为

$$\Delta \sigma_1 = \alpha_1 \Delta e_1^e + \alpha_2 (\Delta e_2^e + \Delta e_3^e) \tag{3.3}$$

$$\Delta \sigma_1 = \alpha_1 \Delta e_2^e + \alpha_2 (\Delta e_1^e + \Delta e_3^e) \tag{3.4}$$

$$\Delta \sigma_1 = \alpha_1 \Delta e_3^e + \alpha_2 (\Delta e_1^e + \Delta e_2^e) \tag{3.5}$$

其中，$\alpha_1 = K + \dfrac{4}{3}G$ 和 $\alpha_2 = K - \dfrac{2}{3}G$。

FLAC3D 中，常用常量体积模量 K 和切变模量 G，而不是弹性模量 E 和泊松比 μ。它们之间的转换方程式为

$$K = \frac{E}{3(1 - 2\mu)} \tag{3.6}$$

$$G = \frac{E}{2(1 + \mu)} \tag{3.7}$$

在式（3.6）、式（3.7）中，当泊松比 μ 接近 0.5 时就不能使用这个公式了，否则，体积模量 K 的计算值会无限大，很难算出结果，通常根据经验进行取值。

3.2.2　摩尔-库仑屈服破坏准则

根据摩尔-库仑的增量弹性法则中 3 个主应力大小的假定，在应力空间和（σ_1、σ_3）平面的破坏准则如图 3.2 所示。

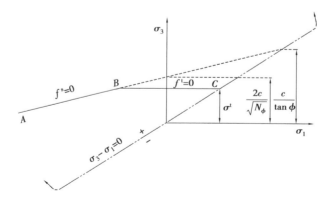

图 3.2　摩尔-库仑模型的破坏准则

由摩尔-库仑模型破坏准确定的从 A 点到 B 点的破坏包络线为

$$f^{s} = \sigma_1 - \sigma_3 N_{\phi} + 2c\sqrt{N_{\phi}} \qquad (3.8)$$

从 B 点到 C 点拉应力屈服函数定义为

$$f^{t} = \sigma^{t} - \sigma_3 \qquad (3.9)$$

式中 ϕ——摩擦角;

  c——黏聚力;

  σ^{t}——抗拉强度。

$$N_{\phi} = \frac{1 + \sin\phi}{1 - \sin\phi} \qquad (3.10)$$

材料的强度不能超过最大张拉强度 σ^{t}_{max} 值,其中最大张拉强度 σ^{t}_{max} 的定义为

$$\sigma^{t}_{max} = \frac{c}{\tan\phi} \qquad (3.11)$$

3.2.3 摩尔-库仑流动准则

流动准则理论是对确定塑性应变增量方向的规定。在摩尔-库仑弹塑性模型中,可以用两个势函数——剪切势函数 g^{s} 和张拉势函数 g^{t} 来定义模型的剪切流动和张拉塑性流动准则。其中,势函数 g^{s} 对应非关联流动法则,其表达式为

$$g^{s} = \sigma_1 - \sigma_3 N_{\psi} \qquad (3.12)$$

$$N_{\psi} = \frac{1 + \sin\psi}{1 - \sin\psi} \qquad (3.13)$$

式中 ψ——岩土材料的剪胀角。

势函数 g^{t} 对应拉应力破坏的相关联流动准则,其表达式为

$$g^{t} = -\sigma_3 \qquad (3.14)$$

在 FLAC3D 中,摩尔-库仑模型对剪切-拉应力处于边界的情况,是通过定义三维应力空间中边界附近的混合屈服函数来定义流动准则的(图3.3)。定义函数 $h(\sigma_1,\sigma_3) = 0$ 的表达式为

$$h = \sigma_3 - \sigma^{t} + \alpha^{p}(\sigma_1 - \sigma^{p}) \qquad (3.15)$$

式中, α^{p} 和 σ^{p} 为两个常量, 可按下式进行计算为

$$\alpha^{\mathrm{p}} = \sqrt{1 + N_\phi^2} + N_\phi \tag{3.16}$$

$$\sigma^{\mathrm{p}} = \sigma^t N_\phi - 2c\sqrt{N_\phi} \tag{3.17}$$

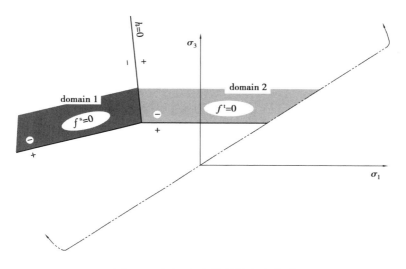

图 3.3　摩尔-库仑模型的流动准则

3.3　修正摩尔-库仑模型

现有的模型发展至今, 它们都可以描述从最初加载到破坏的整个应力-应变变化过程。近年来随着电子测试技术的发展, 已经可以比较精确地量测土体的变形特征, 人们发现在应变开始阶段, 随着微小应变的发生, 土体刚度将迅速发生很大的改变, 而现有许多本构模型无法考虑土体的这一特征, 需要进一步研究。

3.3.1　土体模量是变量的概述

Jardine 等提出的针对土体小应变变形的本构模型是这方面最早的模型之

一,该模型也是基于各向同性非线性弹性理论。在地下结构的实际分析中,用数学形式来表达应力-应变关系比较方便。

对单调加荷,康德纳的双曲线应力-应变关系已被多种情况采用。但对循环的应力-应变,理查特、德赛和克里斯坦建议采用R-O模型。

S.普拉卡什提出静荷载和动荷载下,土的应力变形与强度特性及土的特性有关,如初始静应力水平、孔隙比、先期固结压力、应力历史、脉冲应力水平、脉冲次数、相对密度等,且在较小程度上依赖于荷载的频率和波形。在黏土以及粉土中,如果脉冲次数在 10～100,初始安全系数为 1.5～2.0,那么总应力与总应变关系曲线和静荷载下的应力-应变图形很接近。对动单剪中剪切参数的研究表明,塑性大的黏土在振动荷载作用下的黏聚力有显著减少,而内摩擦角则保持不变。

现已有多种确定土模量的室内试验和现场方法。室内试验方法是动单剪或动三轴和共振柱仪。斯梯芬森还介绍了测量超声波纵波和剪切波速度的试验室仪器。现场方法包括跨孔试验、孔上或孔下试验、表面波技术、块体共振试验和循环荷载板试验。

已经推导出的一些简单公式,可以利用现有数据初步估算砂土和黏土在小应变幅时的模量。同时,从现场试验研究了某些非黏性土,以确定模量随应变的变化。结合具体问题中涉及的应变大小,可以进行土的模量的合理估计,石原根据野外和室内试验以及土的相应状态,建议了应变水平的数值(图3.4),但是建议土的模量要在较大的应变范围内去确定,然后从中选出一个合适的值。

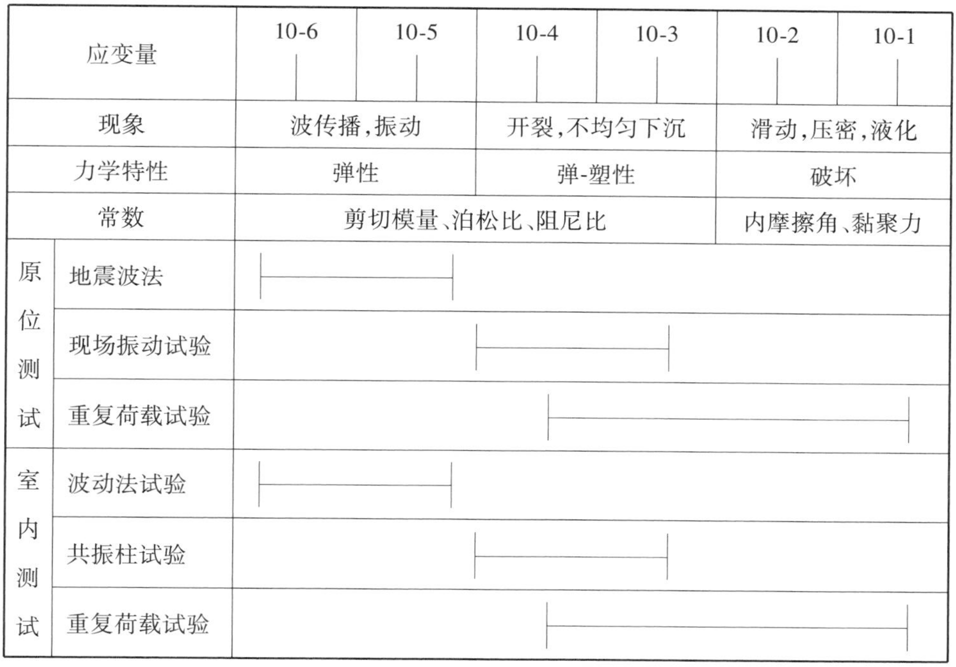

应变量	10-6	10-5	10-4	10-3	10-2	10-1
现象	波传播,振动		开裂,不均匀下沉		滑动,压密,液化	
力学特性	弹性		弹-塑性		破坏	
常数	剪切模量、泊松比、阻尼比				内摩擦角、黏聚力	
原位测试 地震波法						
现场振动试验						
重复荷载试验						
室内测试 波动法试验						
共振柱试验						
重复荷载试验						

图 3.4　现场和室内试验的应变范围(石原,1971)

3.3.2　土体模量表达式的分析

　　土体参数包括黏聚力 c、摩擦角 ϕ 和泊松比 μ,本书在后续章节重点就基坑开挖的土体参数、基底有无工程桩、基坑支护结构设地下连续墙及周围荷载等进行数值模拟,分析土体小应变对基底回弹影响的规律。

　　采用 Mohr-Coulomb 分析土体变形时,弹性模量 E 是定值,实际不同深度处 E 是不同的,即深度越大的地方模量也相应提高。为了使 E 能够反映小主应力的影响,也就是让土体的模量随小主应力变化,采用 Duncan-Chang 本构模型中土体切线模量随小主应力变化的公式为

$$E = kP\left[\frac{\sigma_3}{P}\right]^n \tag{3.18}$$

其中,k 和 n 为 Duncan-Chang 模型参数,这里 $k = 704$,$n = 0.38$,P 为大气压力,$P = 101\ 325$ Pa。因

$$K_0 = \frac{\sigma_3}{\sigma_1} \tag{3.19}$$

$$K_0 = 1 - \sin \phi' \quad （黏性土） \tag{3.20}$$

$$K_0 = 0.95 - \sin \phi' \quad （砂性土） \tag{3.21}$$

式中 ϕ'——土的有效内摩擦角,(°)。

$$\sigma_3 = z\gamma K_0 \tag{3.22}$$

$$\sigma_1 = z\gamma \tag{3.23}$$

故

$$\sigma_3 = z\gamma K_0 \tag{3.24}$$

式中 σ_3——小主应力,kPa;

σ_1——大主应力,kPa;

K_0——静止土压力系数;

z——地基土深度,m;

γ——地基土重度,kN/m^3。

由式(3.18)、式(3.20)和式(3.24)可得,对黏性土,弹性模量 E

$$E = kP\left[\frac{z\gamma(1 - \sin \phi')}{P}\right]^n \tag{3.25}$$

因为 FLAC3D 中,用体积模量 K 和剪切模量 G,而不用弹性模量 E 和泊松比 μ。由式(3.6)和式(3.7)可换算出 K 和 G 的相关表达式为

$$K = \frac{kP\left[\dfrac{z\gamma(1 - \sin \phi')}{P}\right]^n}{3(1 - 2\mu)} \tag{3.26}$$

$$G = \frac{kP\left[\dfrac{z\gamma(1 - \sin \phi')}{P}\right]^n}{2(1 + \mu)} \tag{3.27}$$

由式(3.25)、式(3.26)和式(3.27)可知,模量 E、K 和 G 都是土的深度 z、摩擦角 ϕ 及土体重度 γ 的函数,研究内容如下:

①当 $\mu = 0.25$,$\phi = 20°$ 时,土体重度 γ 取 17 kN/m³、18 kN/m³、19 kN/m³、20 kN/m³ 和 21 kN/m³,比较不同土体重度情况下,弹性模量 E 随深度 z 的变化规律。

②当 $\gamma = 18$ kN/m³,$\mu = 0.25$ 时,摩擦角 ϕ 取 0°、10°、15°、20°、30°、40°,比较不同摩擦角情况下,体积模量 K 和切变模量 G 随深度 z 的变化规律。

③当 $\gamma = 18$ kN/m³,$\phi = 20°$ 时,泊松比 μ 取 0.2、0.25、0.3、0.35,比较不同泊松比情况下,体积模量 K 和切变模量 G 随深度 z 的变化规律(图 3.5)。

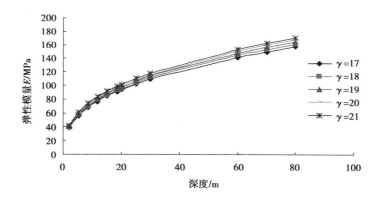

图 3.5 弹性模量 E 随深度的变化

由图 3.5 可知,弹性模量 E 随土层深度的增加而增加,但增幅越来越缓;在同一深度处,土体重度 γ 越小,E 越小,但影响不明显,后续取土体的重度取 $\gamma = 18$ kN/m³ 为研究对象,进行下列问题的研究。

由图 3.6 可知,在同一深度处,体积模量 K 随着泊松比 μ 的增加而增加,增加幅度越来越明显。当泊松比由 0.2 增加到 0.35 时,体积模量增大了 1 倍。而且,体积模量随着深度的增加而增加,泊松比越大增长的幅度越大。

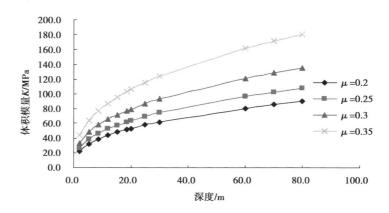

图 3.6　体积模量 K 随深度的变化

由图 3.7 可知,在同一深度处,剪切模量 G 随着泊松比 μ 的增加而减小,减小幅度不大。剪切模量随着深度的增加而增加,泊松比越大增长的幅度越小。

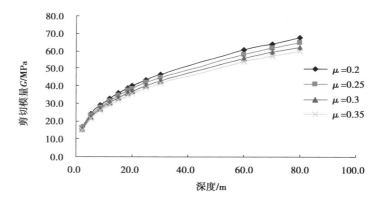

图 3.7　剪切模量 G 随深度的变化

由图 3.8 可知,在同一深度处,体积模量 K 随着摩擦角 ϕ 的增加而减小,减小幅度越来越明显,当摩擦角由 0 增加到 40°时,体积模量减小了约 40%。而且,体积模量随着深度的增加而增加,摩擦角越小增长的幅度越大。

由图 3.9 可知,在同一深度处,剪切变模量 G 随着摩擦角 ϕ 的增加而减小,减小幅度越来越明显。当摩擦角由 0 增加到 40°时,剪切变模量减小了约 40%。而且,剪切变模量随着深度的增加而增加,摩擦角越小增长的幅度越大。

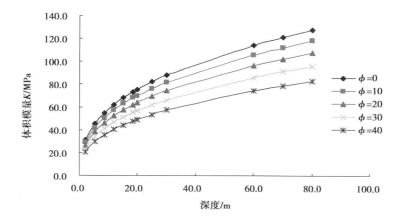

图 3.8　体积模量 K 随深度的变化

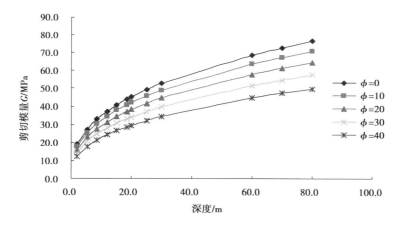

图 3.9　剪切模量 G 随深度的变化

　　综上所述,体积模量 K 和切变模量 G 与杨氏模量 E 成正比关系,E、K 和 G 都随着地基土深度的增加明显增大,对土体参数的影响:重度增加,三者也增加,但增加的幅度不太明显;泊松比增加,K 也增加,而且增加幅度明显,G 却减小,但减小幅度不大;摩擦角增加,K 和 G 都在增加,而且增大幅度都明显。在摩尔-库仑模型中,把杨氏模量由常量设为变量更合理,更能反映土体深度和不同土质在卸荷工况下基底的变形情况。

3.4　C-Y 模型简介

　　C-Y 模型的全称是 cap-yield model，D-Y 模型的全称是 double-yield model，C-Y 模型形状是以摩尔-库仑剪切包络线和一个带有比轴的椭圆形帽组成的、通过形状参数 α 来定义的应变硬化的本构模型。当内聚力为零时，椭圆形帽子变为平盖，此时的 C-Y 模型就退化为 D-Y 模型。C-Y 模型考虑了各向同性的压力造成的永久体积变化，在 FLAC 的应变硬化——软化模型剪切和张拉破坏包络线的基础上，又包含了一个体积屈服面（又称"帽盖"）。为简单起见，帽盖面由"帽盖压力"$P_c>0$ 来定义，它与剪切应力无关，由垂直于剪应力和平均应力之间关系曲线的直线组成。切向体积模量和切向剪切模量依照定义系数 R 的法则，以塑性体积应变的形式出现，这里假定 R 是弹性体积模量和塑性体积模量之比的常量。

　　在等向压缩试验中，随着压力 P_c 的增加，材料变得更加密实，其塑性刚度通常会增加，既然材料颗粒由于外力作用变得更加紧密，似乎弹性刚度同时增加也是合理的。因此，在一般加载条件下，C-Y 模型应用了一条简单的准则，即增加的弹性刚度是由常量乘以当前增加的塑性刚度。对模拟基坑开挖要求较准确地反映加/卸荷状态下土体力学属性的工程，选用 C-Y 模型较为适合。

　　C-Y 模型因刚度的应力依赖性使得刚度随力的增大而增大，即输入刚度与参考力有关，参考力通常取 100 kPa。

　　对压缩试验，美国提出了压缩指数 C_c，并用于半对数坐标压缩定律。对极限状态土的力学性质，英国提出了 Ine 压缩定律及相关的参数 λ。

　　在采用半对数压缩定律时，使用压缩指标 C_c、λ 以追溯到 1925 年太沙基，并成为土力学的经典理论。然而随着时间的推移，这个理论的通用性在 10 年以后被 Ohde 更为通用的指数定律取代，即 $E_{oed}=\alpha\sigma^m$。后来 Ohde 的德文在第二次世界大战中大量丢失，最后由 Janbu 重新发现指数定律。指数定律符合大多数不同类型的土体,试验证明,对砂适于取指数 $m \approx 0.5$,而软土适于取指数 $m \approx 1$。当 $m = 1$ 时,指数定律还原为半对数压缩定律。

C-Y 模型能较准确地预测卸荷变形,相比较于 Mohr-Coulomb 模型和 C-Y 模型能较准确地预测卸荷变形。C-Y 模型包含两种硬化类型,与完全弹塑性模型相比,硬化塑性模型的屈服面在主应力空间上并不固定,而是随着塑性应变向外膨胀。硬化的两种类型分别为剪应力作用下的硬化和压应力作用下的硬化,剪应力作用下的硬化用于模拟初始偏应力产生的土体塑性应变,压应力作用下的硬化用于模拟静水压力产生的塑性应变。

当使用 Mohr-Coulomb 模型时,用户需选择固定的杨氏模量值,而对真实土体,刚度是与应力水平相关的,有必要估算土体应力水平,从而确定刚度值。而 C-Y 模型相对于 Mohr-Coulomb 模型的优势不仅在于用应力-应变双曲线代替二次线性曲线,而且控制了对应力水平的依赖性。

C-Y 模型物理力学性质表现为当施加初始偏应力时,土体刚度降低,同时有不可回复的塑性应变发展。在三轴排水试验中,轴向应变和偏应力的关系可以近似用双曲线描述。这种关系最早由 Kondener 提出,后来被用于著名的双曲线模型。C-Y 模型较双曲线模型的优越之处在于:①它采用了塑性理论而非弹性理论;②它包含了土体膨胀;③模型中引入了屈服面。

在三轴排水实验中,土体的体积会受剪应力的影响,剪应力小体积就会收缩,相应的剪应力大的时候体积膨胀,在土体的体积特别松散的时候不会发生这样的变化。在 C-Y 模型中用一个膨胀硬化/软化定律可以对剪切引起的体积变化规律作出解释。

然而当流体充满土体的孔隙时,土骨架的收缩和膨胀便控制着它的液化反应。此外,松散土体的剪应力/剪应变在不排水条件下表现为一种软化反应。抗剪强度峰值导致在单向载荷加载过程中的静态液化不稳定。

C-Y 模型使用 3 种硬化定律:帽子硬化定律,在各向同性压缩试验中观察得到体积的指数行为;摩擦硬化定律,重现在三轴排水试验中双曲线应力-应变定律;收缩/膨胀定律,模拟土体剪切后发生的不可恢复体积应变。

本节主要介绍与 C-Y 模型有关的增量弹性法则、破坏准则和流动准则。

3.4.1 弹性增量定律

弹性性能用胡克定律描述。采用主应力和应变,定律增量表达式为

$$\Delta\sigma_1' = \alpha_1 \Delta e_1^e + \alpha_2 (\Delta e_2^e + \Delta e_3^e)$$

$$\Delta\sigma_2' = \alpha_1 \Delta e_2^e + \alpha_2 (\Delta e_1^e + \Delta e_3^e) \qquad (3.28)$$

$$\Delta\sigma_3' = \alpha_1 \Delta e_3^e + \alpha_2 (\Delta e_1^e + \Delta e_2^e)$$

其中, $\alpha_1 = K^e + \dfrac{4G^e}{3}$, $\alpha_2 = K^e - \dfrac{2G^e}{3}$

式中　K^e——切线弹性体积模量;

　　　G^e——剪切模量;

　　　E^e——杨氏模量;

　　　μ——泊松比。

用符号 σ_i 和 $e_i (i = 1,3)$ 表示的主应力和应变分量,拉伸为正。有效主应力为 σ_1'、σ_2'、σ_3',按照惯例 $\sigma_1' \le \sigma_2' \le \sigma_3'$(即 σ_1' 是最大压应力)。

$$K^e = \frac{E^e}{3(1-2\mu)} \qquad (3.29)$$

$$G^e = \frac{E^e}{2(1+\mu)} \qquad (3.30)$$

$$\frac{K^e}{G^e} = \frac{2(1+\mu)}{3(1-2\mu)} \qquad (3.31)$$

3.4.2 屈服函数和势函数

3.4.2.1 剪切屈服用一个摩尔-库仑准则来定义

屈服包络线的表达式与 cap 公式的形式一致:

$$f = Mp' - q \tag{3.32}$$

其中, p' 是平均有效应力:

$$p' = \frac{-(\sigma_1' + \sigma_2' + \sigma_3')}{3} \tag{3.33}$$

q 是剪应力的估算:

$$q = -[\sigma_1' + (\delta - 1)\sigma_2' - \delta\sigma_3'] \tag{3.34}$$

又

$$\delta = \frac{3 + \sin \phi_m}{3 - \sin \phi_m} \tag{3.35}$$

$$M = \frac{6 \sin \phi_m}{3 - \sin \phi_m} \tag{3.36}$$

式中　ϕ_m——修正摩擦角。

3.4.2.2　势函数是非关联的

势函数表达式为

$$g = M^* p' - q^* \tag{3.37}$$

其中,

$$q^* = \sigma_1' + (\delta^* - 1)\sigma_2' - \delta^* \sigma_3' \tag{3.38}$$

又

$$\delta^* = \frac{3 + \sin \psi_m}{3 - \sin \psi_m} \tag{3.39}$$

$$M^* = \frac{6 \sin \psi_m}{3 - \sin \psi_m} \tag{3.40}$$

式中　ψ_m——修正剪胀角。

3.4.2.3　C-Y 模型的帽盖屈服面

由于剪切屈服不能反映静水压力引起的塑性体积应变,所以第二类屈服面必须在 p(平均有效应力)轴方向上将弹性区域封闭。

帽盖屈服面的定义:

$$f_c = \frac{q^2}{\alpha^2} + P'^2 - P_c^2 \qquad (3.41)$$

其中,α 是一个无量纲参数,它与侧向土压力系数 K_0 相关,在 $(p'-q)$ 平面上定义椭圆的形状,p_c 是屈服帽上的压力。椭圆由 p_c 和 α 决定,其中 p_c 决定椭圆的大小,α 决定椭圆的形状。当 α 较大时,会导致 Mohr-Coulomb 屈服线下一个很陡的帽盖;当 α 较小时,帽盖将更接近于 p 轴,如图 3.10 所示。

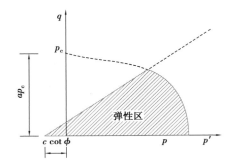

图 3.10　C-Y 模型在 p'-q 平面上的屈服面

为了更加详细地了解屈服面,如图 3.11 所示。

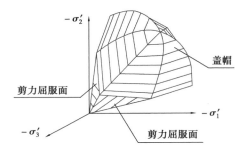

图 3.11　无黏性土在 C-Y 模型主应力空间上的整体屈服云图

由图 3.10 和图 3.11 可知,剪应力轨迹和屈服帽盖都有经典 Mohr-Coulomb 破坏准则里的六角锥形状。实际上,剪力屈服轨迹可以扩展到最终 Mohr-Coulomb 屈服面。帽盖屈服面是前期固结压力 p_c 的函数扩展。

与 D-Y 模型相似,C-Y 模型也根据弹性刚度 K^e 的增量与对应的塑性刚度增量成比例,比例因子是一个常数 R。可以假定一个恒定的泊松比,并输入剪切模量与体积模量的上限值,来获得弹性剪切模量 G^e 的值。

硬化参数的剪切屈服参数 γ^p 与帽屈服没有关系,γ^p 的增量 $\Delta\gamma^p$ 表达式为

$$\Delta\gamma^p = \left\{ \frac{1}{2} \left[(\Delta e_1^{dp})^2 + (\Delta e_2^{dp})^2 + \Delta e_3^{dp})^2 \right] \right\}^{\frac{1}{2}} \tag{3.42}$$

其中,Δe^{dp} 是主偏塑性剪切应变增量。

帽屈服的演化参数是塑性体积应变的模数,$e^p = e_1^p + e_2^p + e_3^p$,其中,$e_i^p, i = 1, 2, 3$ 是帽上屈服的主塑性应变。

3.4.3　定义 C-Y 模型

3.4.3.1　帽硬化

土体刚度作为各向同性压力下的一个函数以非线性方式增长。

在大多数实验中,各向同性压缩实验的土体体积性能可以通过以下公式表达为

$$\frac{\mathrm{d}p'}{\mathrm{d}e} = K_{ref}^{iso} \left(\frac{p'}{p_{ref}} \right)^m \tag{3.43}$$

其中,e 是体积应变,K_{ref} 是在参考有效压力 p_{ref} 下,p' 对 e 的曲线的斜率。$m < 1$。在图 3.12 中,根据一个小型卸载实验画出了代表这个定律的一个典型图。

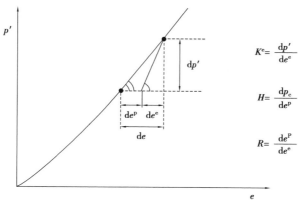

图 3.12　各向同性实验应力应变曲线

各向均匀压缩时，$dp' = dp_c$，这样，在 C-Y 模型中，帽压力和 p_c 塑性体积应变 e^p 之间的关系可表达为

$$\frac{dp_c}{de^p} = \frac{de}{de^p}\frac{dp'}{de}$$ (3.44)

其中，总应变增量由弹性和塑性两部分组成：$de = de^p + de^e$ 代入式（3.44）中得

$$\frac{dp_c}{de^p} = \frac{de^e + de^p}{de^p}\frac{dp'}{de}$$ (3.45)

C-Y 模型假定弹性模量 K^e 与硬化模量 H 的比值等于一个常数，$R = K^e/H$，其中，按照定义 $K^e = dp'/de^e$，$H = dp_c/de^p$，各向均匀压缩时，$dp' = dp_c$，写为

$$R = \frac{de^p}{de^e}$$ (3.46)

最后，把式（3.46）代入式（3.45），经过一些代换后得

$$\frac{dp_c}{de^p} = \frac{1 + R}{R}\frac{dp'}{de}$$ (3.47)

式（3.43）代入式（3.47）后得

$$\frac{dp_c}{de^p} = \frac{1 + R}{R}K_{ref}^{iso}\left(\frac{p'}{p_{ref}}\right)^m$$ (3.48)

加上条件 $e^p = 0$ 时，$p_c = 0$，积分得

$$p_c = p_{ref}\left[(1 - m)\frac{1 + R}{R}\frac{K_{ref}^{iso}}{p_{ref}}e^p\right]^{\frac{1}{1-m}}$$ (3.49)

这个定律有 4 个参数，即 K_{ref}、p_{ref}、m、R。

注意：C-Y 模型假定 $K^e = (1+R)dp_c/de^p$，根据式（3.48），弹性体积模量可表达为

$$K^e = (1 + R)K_{ref}^{iso}\left(\frac{p'}{p_{ref}}\right)^m$$ (3.50)

3.4.3.2　摩擦-硬化

对于大多数土体来说，在三轴排水试验中，偏应力-轴应变通过增加摩擦力

和应变硬化获得双曲线性状。这个模型通过增加摩擦力和应变硬化获得双曲线性状。摩擦-硬化的增量定律可表达为

$$\mathrm{d}(\sin\phi) = \frac{G^{\mathrm{p}}}{p'}\mathrm{d}(\gamma^{p}) \qquad (3.51)$$

其中, p' 是有效压力, 塑性剪切模量 G^{p} 的表达式为

$$G^{\mathrm{p}} = \beta G^{e}\left(1 - \frac{\sin\phi_{\mathrm{m}}}{\sin\phi_{\mathrm{f}}}R_{\mathrm{f}}\right)^{2} \qquad (\phi_{\mathrm{m}} \leqslant \phi_{\mathrm{f}}) \qquad (3.52)$$

其中, G^{e} 是弹性切线剪切模量, ϕ_{f} 是最大摩擦角, R_{f} (误差系数)是一个比 1 小的常数(多数情况为 0.9), 用来指定 G^{p} 的一个下界, β 是一个校准系数。

G^{e} 是 p' 的函数, 公式为

$$G^{e} = G^{e}_{\mathrm{ref}}\left(\frac{p'}{p_{\mathrm{ref}}}\right)^{m} \qquad (3.53)$$

其中, G^{e}_{ref} 是在参考有效压力 p_{ref} 下的弹性切线剪切模量, m 是一个定值($m \leqslant 1$), 把式(3.51)代入式(3.50)后, 重新整理得

$$\mathrm{d}(\gamma^{\mathrm{p}}) = \frac{p_{\mathrm{ref}}}{G^{e}_{\mathrm{ref}}}\left(\frac{p'}{p_{\mathrm{ref}}}\right)^{1-m} \frac{\mathrm{d}(\sin\phi_{\mathrm{m}})}{\left(1 - \dfrac{\sin\phi_{\mathrm{m}}}{\sin\phi_{\mathrm{f}}}R_{\mathrm{f}}\right)^{2}} \qquad (3.54)$$

结合条件当 $\gamma_{\mathrm{p}} = 0$ 时, $\phi_{\mathrm{m}} = 0$, 得

$$\gamma^{\mathrm{p}} = \frac{p_{\mathrm{ref}}}{G^{e}_{\mathrm{ref}}}\left(\frac{p'}{p_{\mathrm{ref}}}\right)^{1-m} \frac{\sin\phi_{\mathrm{f}}}{R_{\mathrm{f}}}\left[\frac{1}{1 - \dfrac{\sin\phi_{\mathrm{m}}}{\sin\phi_{\mathrm{f}}}R_{\mathrm{f}}} - 1\right] \qquad (3.55)$$

取 $m = 1$, 硬化定律简化为

$$\gamma^{\mathrm{p}} = \frac{p_{\mathrm{ref}}}{G^{e}_{\mathrm{ref}}} \frac{\sin\phi_{\mathrm{f}}}{R_{\mathrm{f}}}\left[\frac{1}{1 - \dfrac{\sin\phi_{\mathrm{m}}}{\sin\phi_{\mathrm{f}}}R_{\mathrm{f}}} - 1\right] \qquad (3.56)$$

这个表达式用来生成由塑性剪应变到摩擦力的模型输入表。在三轴试验中, 使用硬化定律模拟初始加载, 将产生偏应力对轴应变的双曲线图。此定律包含 5 个参数, 即 G^{e}_{ref}、p_{ref}、R_{f}、ϕ_{f} 和 β。

3.4.3.3 膨胀硬化

土体剪切后预期会产生一定量的塑性体积应变 e^p，对较小的剪应变，土骨架由于土粒重组会有收缩的趋势。对较大的剪应变，如果在土体密集的情况下对较大的剪应变，土粒会相互移动，使得土骨架可能膨胀。膨胀应变-硬化 Table 用来模拟非单调性状。对 C-Y 模型，剪切-硬化流动法则的形式为

$$e^p = \gamma^p \sin \psi_m \qquad (3.57)$$

其中，ψ_m 为剪胀角。

$$\sin \psi_m = \frac{\sin \phi_m - \sin \phi_{cv}}{1 - \sin \phi_m \sin \phi_{cv}} \qquad (3.58)$$

其中，ϕ_{cv} 是极限状态下的摩擦角，是独立于材料密度的常数。ϕ_m 是滑动摩擦角：

$$\sin \phi_m = \frac{\sigma'_1 - \sigma'_3}{\sigma'_1 + \sigma'_3 - 2c \times c\tan \phi} \qquad (3.59)$$

$$\sin \phi_{cv} = \frac{\sin \phi_f - \sin \psi_f}{1 - \sin \phi_f \sin \psi_f} \qquad (3.60)$$

式(3.60)符合著名的应力-膨胀理论，是由 Schane 和 Vermeer 概括出来的。应力-膨胀理论最重要的属性是在小应力比的情况下($\phi_m < \phi_{cv}$)，材料收缩，而在高应力比的情况下($\phi_m > \phi_{cv}$)，出现膨胀。在破坏时，滑动摩擦角等于破坏角 ϕ_f，从式(3.59)可得

$$\sin \psi_f = \frac{\sin \phi_f - \sin \phi_{cv}}{1 - \sin \phi_f \sin \phi_{cv}}$$

式中，ϕ_f 和 ψ_f 分别为摩擦力和张力的最大值(已知的)，根据最后两个公式和 ϕ_m 与 γ^p 之间的假定关系式(3.55)生成张力对塑性剪应变的 Table，输入 FLAC3D 中。

3.4.4 实施程序

对剪切和体积硬化定律中参数的选择必须和模型的假设一致。假设 K^e 与

G^e 的比是定值,大小等于 K 与 G 的输入值中的上界值的比。假设式(3.51)与式(3.54)中的参考压力相同,则两式中的指数 m 在两种法则中是相同的。同时,有

$$\frac{K}{G} = \frac{(1 + R)K_{ref}^{iso}}{G_{ref}^e} \tag{3.61}$$

这样,参数 R 应该与 K_{ref}^{iso} 和 G_{ref}^e 的选择一致(假定它们的选择相互独立)。由相容条件得

$$R = \frac{K}{G}\frac{G_{ref}^e}{K_{ref}^{ios}} - 1 \tag{3.62}$$

显然,得到的 R 值应该大于或等于 0。

3.5　对比 3 种模型

前面内容已详细叙述 Mohr-Coulomb 模型、修正 Mohr-Coulomb 模型和 C-Y 模型各自的优劣和适用范围,即 Mohr-Coulomb 模型是经典模型,是其他诸多模型的基础,该模型运用于计算机程序,运算速度快,能反映一定的规律,但其不足之一是没考虑对同一种土不同深度处杨氏模量不同,在修正 Mohr-Coulomb 模型中考虑了这一点。C-Y 模型基于 Mohr-Coulomb 模型进一步考虑了静水压力作用下的帽盖屈服。下面通过一个数值模拟进一步比较三者的优劣。

3.5.1　建模

依本书 2.6 节建模所述,取基坑宽 20 m,土体为均质土,基坑分 7 步开挖,每步的开挖深度分别为 $z=2$ m、5.3 m、8.6 m、11.9 m、15.2 m、18.5 m 和 20 m。基坑内共设 6 道撑,分别设在 $z=1$ m、4.3 m、7.6 m、10.9 m、14.2 m 和 17.5 m 处。基坑开挖简图如图 3.13 所示,地下连续墙(liner)、水平内支撑(beam)及土体的参数分别见表 3.2、表 3.3、表 3.4 和表 3.5。土体的本构模型分别选取

Mohr-Coulomb 模型、修正 Mohr-Coulomb 模型和 C-Y 模型。修正 Mohr-Coulomb 模型参数的取值只把 Mohr-Coulomb 模型中的弹性模量 $E = 10$ GPa 换成式 (3.25),其他一样。

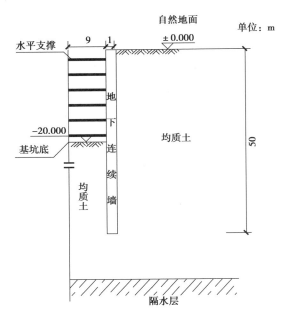

图 3.13　基坑开挖简图

工况如上述,基坑内外为均质土,基坑深 20 m,连续墙插入基底下 30 m,在基坑开挖过程中,分析比较不同本构模型模拟同一基坑基底向上变形 δ 值的情况。

表 3.2　衬砌的参数

参数值	数值
等效厚度/m	1.0
密度/$(kg \cdot m^{-3})$	2 000
弹性模量/GPa	5.712
泊松比 μ	0.2
惯性矩/m^4	0.167

表 3.3　支撑的参数

参数值	数值
截面积/m^2	1.0
间距/m	2.0
密度/$(kg \cdot m^{-3})$	4 000
弹性模量/GPa	4.0
惯性矩/m^4	0.083

表 3.4　摩尔-库仑模型排水强度参数

参数	黏性土
弹性模量/GPa	10.0
泊松比 μ	0.2
黏聚力 c/kPa	20
摩擦角/(°)	25
膨胀角/(°)	0
孔隙率	0.3

表 3.5　Cysoil 模型参数

参数	黏性土
干密度 ρ/(kg·m^{-3})	1 800
体积屈服面参数 α	1.0
极限摩擦角 φ_f/(°)	25
极限膨胀角 ψ_f/(°)	0
变形系数 R	3.33
参考压力下剪切模量 G_{ref}^e/MPa	10.0
参考压力体积模量 K_{ref}/MPa	4.0
参考压力 p_{ref}/MPa	0.1
泊松比 μ	0.2
黏聚力 c/kPa	0
指数 m	1
初始发挥摩擦角 ϕ_m	19.47
破坏比 R_f	0.9

3.5.2　数值模拟分析

对同一基坑同一工况,用 3 种不同的本构模型模拟,得到基坑每步开挖的最大回弹值,通过对同一深度回弹值的分析,比较 3 种本构模型的优劣,以便在后续章节适当选用。

由图 3.14 和表 3.6 可知,修正 Mohr-Coulomb 模型和 C-Y 模型回弹值非常接近,就是说,当土体中没水,或有少量水可不考虑时,用简便的修正 Mohr-Coulomb 模型和复杂的 C-Y 模型效果差不多,而且修正摩尔-库仑模型比 C-Y 模型运算速度快得多,大约 20 倍。而在同一深度处,Mohr-Coulomb 模型的回弹值大得多,约 3 倍。说明摩尔-库仑模型不考虑杨氏模量随深度的增加而增加得到的回弹值是偏大的,应根据实际情况折减更合理,但该本构模型简单方便,是其他各模型的基础,运算速度快,仍然有其独特的优势。

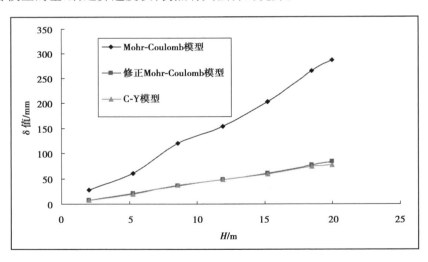

图 3.14　同一种土不同模型回弹值比较图

表 3.6 同一种土不同模型回弹值比较表(单位:mm)

开挖深度/m	Mohr-Coulomb 模型	修正 Mohr-Coulomb 模型	C-Y 模型
2	27.9	8.5	8.5
5.3	61.2	21.5	20.8
8.6	120.1	37.1	37.3
11.9	154.6	48.7	49.0
15.2	202.1	60.3	59.9
18.5	264.7	77.0	75.0
20	286.2	84.1	77.3

3.6 本章小结

Mohr-Coulomb 模型是理想弹塑性模型,其弹性模量 E 为常数,不能反映土体的刚度依赖于应力和应变水平的特性,基坑开挖过程测出的回弹值偏大,但简单的模型在满足恰当参数的条件下并不影响分析结果的合理性。

修正 Mohr-Coulomb 模型是在 Mohr-Coulomb 模型的基础上结合 Ducan-Chang 模型,弹性模量 E 随深度增加,得出的模拟数据较 Mohr-Coulomb 模型更切合实际。

上述两种模型属简单模型,计算机运算速度快得多,可以用作基坑的初步分析,揭示基坑开挖过程中的力学机理。C-Y 模型属于复杂本构模型,它是在 Mohr-Coulomb 模型的基础上考虑了帽盖屈服,这使得在模拟基坑开挖时的结果更加合理。然而,C-Y 模型表达式复杂、参数较多,在工程应用中不具有广泛性。总之,在不考虑水的情况下,建议选择修正 Mohr-Coulomb 模型;在考虑水的情况下,选择 C-Y 模型。

第4章　基坑底部抗隆起稳定性系数的分析比较

　　基坑底部土体的隆起和回弹这两个不同的概念常被混淆不清,其实它们发生的机理不尽相同。基坑回弹指的是随着基坑开挖部分土体卸荷,基底土体发生的竖向变形,并且回弹的数量级一般比较小,基坑的回弹量在一定范围内是可以忽略的,若是较大的回弹变形,在计算建筑物沉降时应该加以考虑;而隆起指的是由于基坑内土体的挖除,支护结构内外土体形成压力差,在墙后土重和周围地面荷载的作用下,土体就会发生塑性变形,并且隆起的数量级一般比较大,当此压力差大于地基承载力时,基坑便失稳,直至发生隆起破坏,隆起是必须避免的。国内外学者以地基承载力为抗力与坑内外压力差和荷载重为比值作为基坑抗隆起稳定性系数 F_s。基坑支护结构的位移和基底的稳定性具有一定的联系,当基坑的隆起量达到极限状态时,基坑就会失稳,即基坑抗隆起稳定性系数 F_s 越高,则支护结构位移就越小;周围地面的沉降也会越小;反之,抗隆起稳定性系数越小,基坑周边沉降就越大,就会对环境不利。正确计算 F_s,对保证基坑稳定、控制基坑周围及基底变形至关重要。

　　极限平衡分析法是最早用在抗隆起稳定性的分析方法,即 $F_s>1$,稳定;$F_s<1$,失稳;$F_s=1$,极限状态。对抗力地基承载力的计算方法众多,可归纳为考虑地基土的内摩擦角 ϕ、黏聚力 c、支护结构的嵌固深度 D、工程桩的加固作用等。抗隆起稳定性系数 F_s 的公式是各学者不懈研究的课题。以往,防止基坑的失

稳是通过对地基的极限承载力打一折扣(取安全度)来实现,通常运用的两种方法分别由 Terzaghi 和 Bjerrum & Eide 提出。Chang 运用极限上限定理推导出与 Terzaghi 相似的稳定系数。Ukrichon 等运用上下限极限定理,结合数值线性规划计算方法,对此问题进行了相关研究。

数值模拟计算方法比上述公式法的优越性体现在:能直观反映开挖基坑的时空效应,能灵活选用土体的本构模型,对有水的复杂深大基坑尤其独树一帜,但此方法要求技术人员会建具体模型,选合适参数等,在工程界不能广泛推广。建议在复杂深大基坑中,除了用数值计算,还需结合工程师的综合判断。

国内外学者对抗隆起稳定性计算方法大多来源于 Terzaghi 推导的条形基础极限承载力计算方法或 Brinch Hansen 和 Meyerhof 推荐的计算地基承载力的一些方法。这些方法大多有严格的理论推导,在工程中应用较广泛,工程经验也比较成熟。但在理论推导中,它们引用了一些假设条件,将一些实际问题理想化,这样在应用中就会存在适用局限性的问题,值得进一步探讨。

本章就几个常用的抗隆起稳定性公式分 $\phi=0$ 和 $\phi\neq0$ 两种情况分别与数值模拟结果进行对比分析。

4.1　$\phi=0$ 时公式法

4.1.1　规范法

《建筑地基基础设计规范》(GB 50007—2011)附录 V 表 V.0.1,如图 4.1 所示,支护结构稳定性验算公式为

$$K_D = \frac{N_c \tau_0 + \gamma t}{\gamma(h+t)+q} \tag{4.1}$$

式中　N_c——承载力系数,$N_c=5.14$;

　　　τ_0——由十字板试验确定的总强度,kPa;

γ——土的重度，kN/m³；

K_D——入土深度底部土抗隆起稳定安全系数，取 $K_D \geqslant 1.6$；

t ——支护结构入土深度，m；

h ——基坑开挖深度，m；

q ——地面超载，kPa。

该公式适用于支护桩底为软土（$\phi = 0$）的基坑。

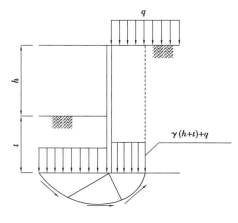

图 4.1 隆起稳定简图

4.1.2 Terzaghi 法

该法假设了一个长度无限、有支撑、竖直开挖及 $H/B \leqslant 1.0$ 的宽基坑中的滑动机制，如图 4.2 所示，该法没有考虑支护结构的嵌固深度。假设坑外土体 $efij$ 像基础一样作用在坑底平面。滑动面包括一个等腰楔形体，一段圆弧和延伸到地表的竖直滑动面 ij。宽度为 B' 的坑外土体底部极限承载力为 $s_u N_c$，N_c 是承载力系数，对底部完全粗糙的基础可以取 5.7。Terzaghi 将 ij 面上的剪切力视为荷载的减小量，则抗隆起稳定系数可表示为

$$F_s = \frac{5.7 s_u}{(\gamma - s_u/B')H} \tag{4.2}$$

当考虑坑外地表有均布的超载（q_s）时，上式可表示为

$$F_s = \frac{5.7 s_u}{\left(\dfrac{\gamma + q_s}{\dfrac{H - s_u}{B'}}\right) H} \qquad (4.3)$$

对一个有限长度(L)的基坑,可以对 N_c 施加一个修正系数 $\lambda_s = 1 + 0.2 B'/L$,上式可表示为

$$F_s = \frac{5.7 s_u \left(1 + \dfrac{0.2 B'}{L}\right)}{\left(\gamma + \dfrac{q_s}{H} - \dfrac{s_u}{B'}\right) H} \qquad (4.4)$$

式中　F_s——安全系数;

　　　q_s——地表均匀超载,kPa;

　　　γ——土的重度,kN/m³;

　　　s_u——坑底以下和周边土的不排水抗剪强度;

　　　H——基坑深度;

　　　B'——基坑外土体的宽度,取 $B/\sqrt{2}$ 和 T 的最小值;

　　　T——基坑坑底以下黏土层的厚度。

Terzaghi 的方程能在以下两种情况下比较合理地估计出基坑的稳定性:①基坑的宽度和深度相比很大;②土层分布相对比较均匀,上部没有坚硬的土层。一般来说,利用 Terzaghi 方法要求安全系数大于 1.5。

4.1.3　修正 Terzaghi 法

如图 4.2 所示,Terzaghi 法将 ij 面上的剪切抵抗力 $s_u H/B'$ 作为荷载的减小量,Chang 则把这部分力作为抗力的增加量,同时认为基础底面没有任何约束,应该是光滑基础,把 $N_c = 5.7$ 换为 $N_c = 5.14$,并且把 $s_u H/B'$ 从原公式的分母移到分子上,得到修正 Terzaghi 公式如下:

当 $q_s = 0$,$L = \infty$ 时,抗隆起稳定系数可表达为

$$F_s = \frac{5.14 s_u + \dfrac{s_u H}{B'}}{\gamma H} \tag{4.5}$$

当 $q_s \neq 0, L = \infty$ 时，上式可表示为

$$F_s = \frac{5.14 s_u + \dfrac{s_u H}{B'}}{(\gamma + q_s) H} \tag{4.6}$$

当 $q_s \neq 0, L \neq \infty$ 时，可以对 N_c 施加一个修正系数 λ_s，上式可表示为

$$F_s = \frac{5.14 s_u \lambda_s + \dfrac{s_u H}{B'}}{\gamma H + q_s} \tag{4.7}$$

其中，

$$\lambda_s = 1 + 0.2 \frac{B''}{L}$$

式中 B''——图 4.2 所示基底 fg 范围土体的宽度，m。

如果 $T \leqslant B/\sqrt{2}$，则 $B' = T, B'' = \sqrt{2} T$；如果 $T > B/\sqrt{2}$，则 $B'' = B, B' = B/\sqrt{2}$ 。

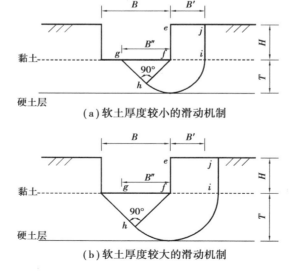

（a）软土厚度较小的滑动机制

（b）软土厚度较大的滑动机制

图 4.2   Terzaghi 方法滑动机制

4.1.4　Wong 和 Goh 法

Wong 和 Goh 法是对 Terzaghi 法的拓展,假设坑外地表有均匀的超载,且考虑了支护结构的嵌固深度对基底抗隆起的影响,其他条件不变,如图 4.3 所示,并且假设隆起破坏发生在支护结构底部以下,将基底以下土重和支护结构与土的摩擦力作为抵抗力来考虑。若基础底部可看作完全粗糙,承载力系数取为 5.7,则其表达式为

$$F_s = \frac{5.7 s_u + \dfrac{s_u D + f_s D}{B'}}{(\gamma H + q_s) - \dfrac{s_u H}{B'}} \tag{4.8}$$

式中　f_s——桩土黏聚力, $f_s = \alpha s_u$(Eide 等 1972 提出);

　　　α——桩土黏聚力系数。

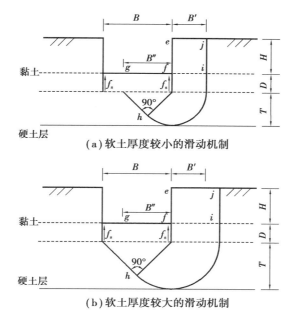

（a）软土厚度较小的滑动机制

（b）软土厚度较大的滑动机制

图 4.3　考虑嵌固深度时 Terzaghi 方法滑动机制

4.1.5 修正 Wong 和 Goh 法

Terzaghi 法和修正 Terzaghi 法没有考虑支护结构嵌固深度的影响,而 Wong 和 Goh 法却考虑了,依照修正 Terzaghi 法,把 Wong 和 Goh 法中 $s_u H/B'$ 也从分母移到分子上更合理。但是,把基础底部看作完全光滑或完全粗糙都太绝对了,承载力系数 N_c 采用 Skempton 1951 年提出的用于深基础的值,这个值是关于 H/B 和 B/L 的一个方程,为方便取值,其公式近似表达为:

当 $H/B<2.5$ 时,$N_c=5(1+0.2B/L)(1+0.2H/B)$;

当 $H/B>2.5$ 时,$N_c=7.5(1+0.2B/L)$。

当考虑支护结构的嵌固深度时,上式修改为:

当 $(H+D)/B \leqslant 2.5$ 时,$N_c=5(1+0.2B/L)[1+0.2(H+D)/B]$;

当 $(H+D)/B>2.5$ 时,$N_c=7.5(1+0.2B/L)$。

Wong 和 Goh 法的公式修正为

$$F_s = \frac{N_c s_u + \dfrac{s_u D + f_s D}{B'} + \dfrac{s_u H}{B'}}{\gamma H + q_s} \tag{4.9}$$

上述在土体 $\phi=0$ 时计算抗隆起稳定系数 F_s 公式中,相同字母所表示的物理意义均相同。各个公式的区别与联系如下所述:从外荷载方面比较,其中规范法考虑的外荷载为 $r(h+t)+q$,最大;Terzaghi 法及 Wong 和 Goh 法考虑的外荷载为 $(rH+q_s)-s_u H/B'$,最小;修正 Terzaghi 法及修正 Wong 和 Goh 法考虑的外荷载为 $rH+q_s$,介于最大和最小之间,更合理。从抗力方面比较,修正 Wong 和 Goh 法及 Wong 和 Goh 法考虑得较全面,既考虑了支护结构嵌固深度以上坑外土体的侧向摩擦力 $s_u D$ 和 $s_u H$,也考虑了嵌固深度以上坑内土体与支护结构的摩擦力 $f_s D$,所不同的是 Wong 和 Goh 法把 $s_u H/B'$ 放在分母上,修正 Wong 和 Goh 法则将其放到分子上。规范法不能合理考虑嵌固深度的影响,Terzaghi 法和修正 Terzaghi 法没有考虑嵌固深度的影响,而修正 Wong 和 Goh 法不仅考虑了嵌固深度的影响,还考虑了基坑长宽的影响,其计算的抗隆起稳定系数F_s的公式中,分子代表的抵抗力和分母代表的推动力取值更切合实际,修正 Wong 和 Goh 法是计算软土最合理的理论公式。

4.2　$\phi \neq 0$ 时公式法

4.2.1　规程法

《建筑基坑支护技术规程》(JGJ 120—2012)中 4.2.4 支护结构的隆起稳定性验算,即 Prandtl 解:

$$F_s = \frac{\gamma_2 D N_q + c N_c}{\gamma_1 (h_0 + D) + q} \tag{4.10}$$

其中,

$$N_q = \tan^2\left(\frac{\pi}{4} + \frac{\varphi}{2}\right) e^{\pi \tan \varphi}$$

$$N_c = \frac{N_q - 1}{\tan \varphi}$$

4.2.2　Terzaghi 法

Terzaghi 解:

$$F_s = \frac{\gamma_2 D N_q + c N_c}{\gamma_1 (h_0 + D) + q} \tag{4.11}$$

其中,

$$N_q = 0.5 \left[\frac{e^{\left(3\frac{\pi}{4} - \frac{\varphi}{2}\right) \tan \varphi}}{\cos\left(\frac{\pi}{4} + \frac{\varphi}{2}\right)} \right]^2$$

$$N_c = \frac{N_q - 1}{\tan \varphi}$$

式中 γ_1——坑外地表至基坑围护墙底各土层天然重度标准值的加权平均数，

        kN/m^3；

      γ_2——坑内开挖面至基坑围护墙底各土层天然重度标准值的加权平均

        数，kN/m^3；

      h_0——基坑开挖深度，m；

      q——坑外地面超载，kPa；

      D——围护墙在基坑开挖面以下的入土深度，m；

      F_s——抗隆起稳定性安全系数；

      N_q、N_c——地基土的承载力系数；

      c——围护墙底地基土黏聚力，kPa；

      φ——围护墙底地基土摩擦角，(°)。

4.3 数值分析法

    基于 FLAC3D 4.0 软件，依据本书 2.6 节所述内容建立了一个基坑开挖模型，如图 3.13 所示为基坑开挖的计算简图，用数值模拟法分析坑底抗隆起稳定系数 F_s，基坑深度 $H=20$ m，基坑宽度 $B=20$ m，因基坑长度大于宽度的 3 倍，故看作长度无限长，沿基坑长度方向取 1.0 m 为计算单元，支护结构采用地下连续墙，支护结构的参数见表 3.2 和表 3.3，基坑周围的土体为均质黏土，即认为基坑底部黏土层的厚度 $T=\infty$，土体的重度 $\gamma=18$ kN/m^3，支护结构与土之间的摩擦系数 $\alpha=1.0$，基坑外地表超载取 $q_s=0$，即不考虑超载作用，基坑外侧土体计算宽度取 $B'=20/\sqrt{2}=14.14$ m。土体选用修正 Mohr-Coulomb 本构模型。数值模拟步骤如下：

    ①用稀疏均匀的有限差分网格建立几何模型。

    ②定义模型的边界条件(根据实际变形情况施加约束)。

    ③根据表 3.2、表 3.3 和表 3.4 给模型赋予物理力学参数。

    ④计算该模型在自重应力下的变形。

⑤将自重应力作用下的土体变形清零。

⑥把 Mohr-Coulomb 模型中的弹性模量 $E=10$ GPa 换成式(3.25)。

⑦将基坑周边向远处网格由密变稀,这样既可以提高求解精度又可以不使运算速度太慢。

⑧通过"generate null brick"命令开挖基坑。

⑨基坑每开挖一步,距开挖面向上 1 m 处设置一道水平支撑。

⑩开挖至 20m 深共设水平支撑 6 道。

⑪通过"solve fos"命令,记录每步的基底土体抗隆起稳定安全系数进行后处理。

4.4 针对摩擦角为零的土用 6 种方法计算安全系数的比较

下文所指规范法即式(4.1),Terzaghi 法即式(4.2),修正 Terzaghi 法即式(4-5),Wong 和 Goh 法即式(4.8),修正 Wong 和 Goh 法即式(4.9),数值模拟法即本书4.3 节所述内容。下面分别讨论在 $\phi=0$ 情况下,改变黏聚力 c 和连续墙的嵌固深度 D,分析比较各种方法所得 F_s 值,得出合理的结论指导工程实践。

4.4.1 改变黏聚力

取 $D=30$ m,改变黏聚力 c 值,分别取 $c=28$ kPa、33 kPa、38 kPa 和 43 kPa,把数值模拟结果和上述 5 个公式的计算结果进行分析比较,见表 4.1 和图 4.4。

表 4.1 改变黏聚力抗隆起稳定安全系数

黏聚力 c/kPa	规范法	Terzaghi 法	修正 Terzaghi 法	Wong 和 Goh 法	修正 Wong 和 Goh 法	数值模拟法
28	0.760	0.498	0.510	0.869	1.096	1.155

续表

黏聚力 c/kPa	规范法	Terzaghi 法	修正 Terzaghi 法	Wong 和 Goh 法	修正 Wong 和 Goh 法	数值模 拟法
33	0.788	0.600	0.601	1.047	1.370	1.403
38	0.817	0.707	0.692	1.234	1.578	1.630
43	0.846	0.819	0.783	1.429	1.786	1.819

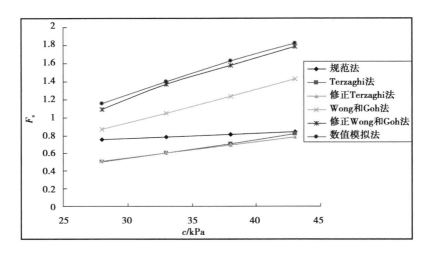

图 4.4　抗隆起稳定系数 F_s 随黏聚力 c 值变化图

由表 4.1 和图 4.4 可知,6 种方法计算的抗隆起稳定系数 F_s 都随着黏聚力 c 的增大而增大,F_s 与 c 均呈线性关系;Terzaghi 法和修正 Terzaghi 法 F_s 增加幅度较大,其直线斜率为 0.022 4,但 $F_s<1$,不安全;规范法 F_s 增加幅度最小,非常缓慢,其直线斜率为 0.005 8;Wong 和 Goh 法、修正 Wong 和 Goh 法及数值模拟结果的 F_s 增加幅度几乎一致,均较规范法、Terzaghi 法和修正 Terzaghi 法有较大幅度的增加,其直线斜率为 0.041 6。Wong 和 Goh 法及数值模拟法两条线的拟合度约 76%,修正 Wong 和 Goh 法及数值模拟法两条线的拟合度约 98%,数值模拟法比修正 Wong 和 Goh 法 F_s 值略大一些,是因为数值模拟考虑的影响基坑稳定的因素更全面,除了考虑基坑的长、宽、深、黏聚力和摩擦角及支护结构的嵌固深度以外,还有土体强度的各向异性、支护结构的强度刚度及有无工程桩

等,但也能反映修正 Wong 和 Goh 法考虑有利于基坑稳定的因素较全面,用来计算土体的抗隆起稳定系数在众多公式中更合理。

4.4.2　改变嵌固深度

当 $c=38$ kPa 时,改变支护结构的嵌固深度,分别取 $D=5$ m、10 m、15 m、20 m、25 m 和 30 m,把数值模拟结果和上述 5 个公式的计算结果进行分析比较,具体见表 4.2 和图 4.5。

表 4.2　改变嵌固深度抗隆起稳定安全系数

嵌固深度 D/m	规范法	Terzaghi 法	修正 Terzaghi 法	Wong 和 Goh 法	修正 Wong 和 Goh 法	数值模拟法
5	0.634	0.707	0.692	0.795	1.087	1.131
10	0.695	0.707	0.692	0.883	1.184	1.242
15	0.739	0.707	0.692	0.971	1.283	1.321
20	0.771	0.707	0.692	1.058	1.382	1.421
25	0.797	0.707	0.692	1.146	1.479	1.528
30	0.817	0.707	0.692	1.234	1.578	1.611

由表 4.2 和图 4.5 可知,6 种方法计算的抗隆起稳定系数 F_s 都与着黏聚力 c 呈线性关系;规范法抗隆起稳定系数 F_s 随连续墙嵌固深度的增加略有增加,幅度很小,其直线斜率为 0.004;Terzaghi 法和修正 Terzaghi 法 F_s 不随嵌固深度 D 的变化而变化,因为这两个公式没考虑 D 的影响;Wong 和 Goh 法、修正 Wong 和 Goh 法及数值模拟稳定系数均随嵌固深度 D 的增加而呈线性增加,且幅度一致,其直线斜率均为 0.017 6,Wong 和 Goh 法及数值模拟法拟合度约为 77%,修正 Wong 和 Goh 法及数值模拟法两条线更接近,拟合度约 98%。改变支护结构的嵌固深度这个规律与改变黏聚力的规律相似,再次证明修正 Wong 和 Goh 法的合理性。

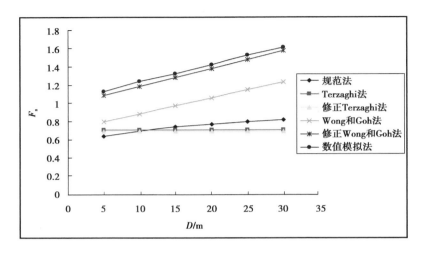

图4.5 抗隆起稳定系数 F_s 随挡墙嵌固深度 D 的变化图

综上所述,在计算软土($\phi = 0$)的公式中,用规范法、Terzaghi 法和修正 Terzaghi 法计算的抗隆起稳定系数都不足 0.85,与实际偏差大,Wong 和 Goh 法计算的结果为 0.85～1.50,修正 Wong 和 Goh 法及数值模拟法计算结果为 1.0～1.83,与实际情况吻合,说明了改进的修正 Wong 和 Goh 法是合理的,工程设计要求的 $F_s \geqslant 1.5$,若计算不足 1.5,用实际算的 F_s 值与 1.5 的差值能反算出地基加固区需要的最小厚度。

4.5 针对摩擦角不为零的土用 3 种方法计算安全系数的比较

下文所指规程法即式(4.10),Terzaghi 法即式(4.11),数值模拟法即本书 4.3 节所述内容。下面分别讨论在 $\phi \neq 0$ 情况下,改变摩擦角 ϕ 、黏聚力 c 和连续墙的嵌固深度 D ,分析比较各种方法所得 F_s 值,得出合理的结论指导工程实践。

4.5.1　改变内摩擦角

当 $D=30$ m，$c=38$ kPa 时，改变摩擦角 ϕ，分别取 $\phi=5°$、$10°$、$15°$、$20°$、$30°$ 和 $40°$，见表 4.3 和图 4.6，由式(4.10)和式(4.11)计算得到的抗隆起稳定系数数据绘制的曲线和数值模拟得到曲线进行分析比较。

表 4.3　改变嵌固深度抗隆起稳定安全系数

摩擦角 ϕ/(°)	规程法	Terzaghi 法	数值模拟法
5	1.211	0.699	1.687
10	1.830	0.988	2.231
15	2.820	1.329	3.112
20	4.451	1.784	4.465
30	12.259	3.367	8.229
40	41.440	7.262	13.467

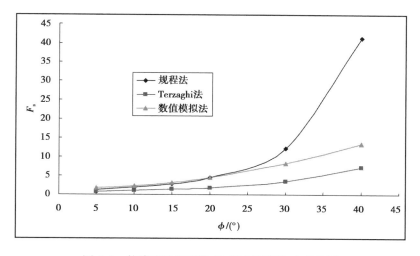

图 4.6　抗隆起稳定系数 F_s 随内摩擦角 ϕ 变化图

由表 4.3 和图 4.6 可知，规程法、Terzaghi 法和数值模拟计算的抗隆起稳定系数 F_s 都随着 ϕ 值的增大而增大，当 $\phi>20°$ 时斜率增加，规程法斜率陡增；Terzaghi 法计算结果偏小，与实际相差大，规程法计算结果 $\phi \leqslant 20°$ 时略偏小，$\phi>$

20°时偏大;数值模拟计算的稳定系数 F_s 接近实际情况。同时说明摩擦角 ϕ 对抗隆起稳定系数 F_s 的影响大,在支护结构的嵌固深度超过基坑深度的 1.5 倍时,$\phi > 8°$,抗隆起稳定性都能得到保证,不必进行抗隆起稳定性验算。

4.5.2 土体的黏聚力对抗隆起稳定性的影响

表 4.4 和图 4.7 为嵌固深度 $D = 30$ m,内摩擦角 $\phi = 15°$ 时,改变黏聚力 c,c 分别取 28 kPa、33 kPa、38 kPa 和 43 kPa,由规程法和 Terzaghi 法计算得到的抗隆起稳定系数数据与数值模拟结果绘制的曲线进行分析比较。

表 4.4　改变黏聚力抗隆起稳定安全系数

黏聚力 c/kPa	规程法	Terzaghi 法	数值模拟法
28	2.698	1.289	2.973
33	2.759	1.309	3.075
38	2.820	1.329	3.112
43	2.881	1.349	3.153

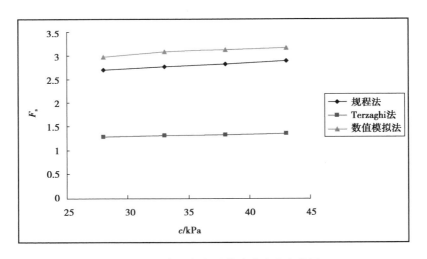

图 4.7　抗隆起安全系数随黏聚力变化图

由表 4.4 和图 4.7 可知,3 种方法得到稳定系数 F_s 都随着黏聚力 c 值的增大而略增大,F_s 与 c 呈线性关系,增长幅度一致,但 Terzaghi 法计算结果只是规程法的一半,F_s 均小于设计要求的 1.5,偏不安全,规程法计算结果与数值模拟法拟合度高,大约 93%,建议在工程上采用规程法。由上述说明,土体的黏聚力是影响基坑抗隆起稳定性的重要因素。

4.5.3 支护桩的嵌固深度对抗隆起稳定性的影响

表 4.5 和图 4.8 为黏聚力 $c=38$ kPa,内摩擦角 $\phi=15°$时,改变支护结构的嵌固深度 D,分别取 $D=5$ m、10 m、15 m、20 m、25 m 和 30 m,把数值模拟结果和规程法及 Terzaghi 法的计算结果进行分析比较。

表 4.5 改变嵌固深度抗隆起稳定安全系数

嵌固深度 D/m	规程法	Terzaghi 法	数值模拟法
5	0.855	0.348	1.176
10	1.248	0.544	1.542
15	1.641	0.740	1.971
20	2.034	0.936	2.378
25	2.427	1.133	2.743
30	2.820	1.329	3.112

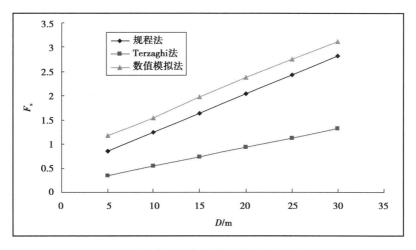

图 4.8 抗隆起稳定系数随嵌固深度的变化

由表 4.5 和图 4.8 可知,3 种方法得到稳定系数 F_s 都随着嵌固深度 D 值的增大而增大,F_s 与 D 呈线性关系,Terzaghi 法计算结果约是规程法的一半,F_s 均小于设计要求的 1.5,偏不安全,规程法计算结果与数值模拟法拟合度高,大约 91%,建议在工程上采用规程法。由上述说明,土体的嵌固深度是影响基坑抗隆起安全系数的重要因素。

4.6　本章小结

针对摩擦角为零的土:

①在计算软土($\varphi = 0$)的公式中,用传统方法(规范法、Terzaghi 法、修正 Terzaghi 法及 Wong 和 Goh 法)计算的抗隆起稳定系数可能都不满足设计要求。因为传统方法过于保守,对基坑稳定的有利因素考虑得不全面。

②通过考虑基坑的长、宽、深等形状,以及地基土的强度(黏聚力和摩擦角)和支护结构的嵌固深度等有利因素,改进的修正 Wong 和 Goh 法计算的结果接近实际情况,并与数值模拟法所得结果有 98% 的拟合度,同时证明了基于修正 Mohr-Coulomb 本构模型的数值模拟法的合理性。

③工程设计要求的 $F_s \geqslant 1.5$,若计算不足 1.5,用实际算的 F_s 值与 1.5 的差值能反算出地基加固区需要的最小厚度。

针对摩擦角不为零的土:

①黏聚力、内摩擦角及嵌固深度是影响基坑开挖抗隆起稳定性的重要因素,并且嵌固深度的增大可有效地提高基坑的抗隆起稳定性。

②在支护结构的嵌固深度 D 与基坑深度 H 之比超过 1.5,$\phi > 8°$时,基坑的抗隆起稳定性都能得到保证,不必进行抗隆起稳定性验算。

第5章 数值模拟基底向上变形的规律

通过本书第4章对抗隆起稳定性极限失稳分析比较得出:抗隆起稳定性系数与基坑周围土体的黏聚力、内摩擦角、基坑周围有无外加荷载和支护结构的入土深度紧密相关。那么在基坑不失稳的条件下或极限失稳前的状态,基坑开挖基底的向上变形的规律又是怎样的呢? 如果更确切地知道基底向上变形的规律,就能更准确地计算地基在承受荷载后的沉降或对地基做出更好的处理方案。本书就以基坑开挖基底向上的最大位移 δ 为研究对象,进行数值模拟,数理统计,找出规律,得出结论。本章数值模拟基底变形的规律包括 3 个方面的内容,分别是基坑开挖的空间效应、基坑周围环境和基底有无工程桩对基底变形规律的影响。

5.1 数值模拟基坑周围环境对基底向上变形的影响

所谓基坑周围环境是指基坑周围土体参数(土体重度 γ、黏聚力 c 和摩擦角 ϕ)、地下连续墙嵌固深度 D、基坑外有无外荷载 q 及外荷载距基坑边距离 S 等情况。

同济大学夏明耀采用 $60\text{ cm} \times 60\text{ cm} \times 30\text{ cm}$ 的模型实验,针对黏性土地下连续墙的入土深度问题进行研究。首先就影响基底向上变形 δ 的诸因素(q、D/H、c、ϕ、γ)进行了单项研究,找出彼此的关系,最后通过数理统计,得出基底回弹量 δ 的经验公式(图 5.1)。为了便于量测基底的 δ 值,本实验没有模拟实际的开挖支撑工作。也就是说,模型实验中所测得的 δ 值只反映了支护结构内外土体压力差导致的基底的隆起,并没考虑因基坑开挖卸荷引起基底的回弹,但这种回弹值不小,不可忽略。本书从数值模拟的角度,再次诠释上述各参数对基底回弹的影响。

模型的工况如图 3.9 所示,依本书 2.6 节及 3.5.1 节建模内容所述,地基土本构模型选取修正 Mohr-Coulomb 模型。基坑每步开挖情况如图 5.1 所示,找出每步开挖的最大 δ 随开挖深度 H 的变化规律。计算简图如图 5.2 所示,具体分析如下:

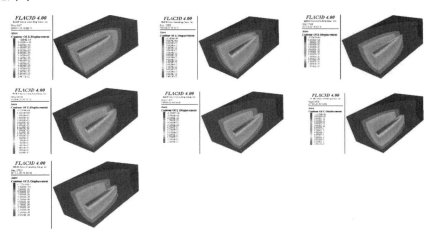

图 5.1　20 m 宽基坑七步开挖情况三维立体图

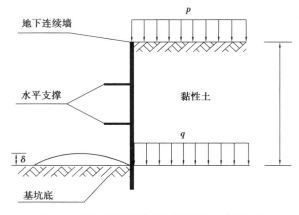

图 5.2　基坑周围环境引起基底向上变形 δ 图

5.1.1　改变土体参数

取基坑内外土体的密度 $\rho = 1\ 800\ \text{kg/m}^3$、抗拉强度 $f_t = 5 \times 10^3\ \text{N/m}^2$ 的均质土为研究对象。改变黏聚力 c、摩擦角 ϕ、重度 γ、基坑周边外荷载的大小 q 和外荷载距基坑边的距离 S 及连续墙的插入深度 D 和连续墙的弹性模量 E，分别寻找基底向上变形 δ 随基坑开挖深度 H 的变化规律。

（1）改变土体重度大小

当黏聚力 $c = 32.0\ \text{kPa}$，摩擦角 $\phi = 15°$，插入深度 $D = 30\ \text{m}$，重度 γ 分别取 $17\ \text{kN/m}^3$、$18\ \text{kN/m}^3$、$19\ \text{kN/m}^3$、$20\ \text{kN/m}^3$ 时，寻找变化土体重度 γ 与基底向上变形 δ 的规律。

如图 5.3 所示，横坐标为基坑开挖深度，纵坐标为基底向上变形值，单位为 mm。由图 5.3 和表 5.1 可知，在同一深度处，基底向上变形 δ 值随土体重度的增加而降低，深度越大降低越明显，这一点与本书图 3.5 互相呼应，即重度 γ 增加弹性模量 E 增加，依应力-应变关系可知，在外力一定的条件下，弹性模量 E 增加基底变形则减小。在 20 m 深度处，相邻土体重度之间向上变形值减小 1 ~ 3 mm。计算向上变形量大小需考虑重度的影响。后续内容取重度 $\gamma = 18\ \text{kN/m}^3$ 进行研究。

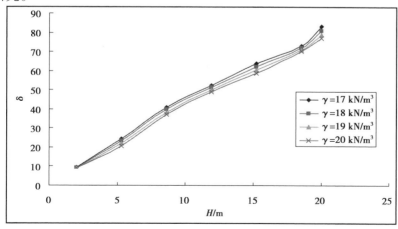

图 5.3　γ 改变 δ 随 H 的变化图

表 5.1 改变重度 γ 时,变形 δ 随 H 的变化表(单位:mm)

开挖深度 H/m	重度 γ/(kN·m^{-3})			
	17	18	19	20
2	9.5	9.3	9.2	9.0
5.3	24.4	23.4	21.9	20.7
8.6	40.8	39.9	38.1	37.3
11.9	52.5	51.5	50.1	49.1
15.2	64.1	62.1	60.4	58.8
18.5	73.2	72.2	71.2	70.3
20	83.2	80.7	79.0	77.2

(2)改变黏聚力大小

当土体重度 $\gamma = 18$ kN/m^3,摩擦角 $\phi = 15°$,插入深度 $D = 30$ m,黏聚力 c 分别取 8、16、24、32、40 kPa 时,寻找变化黏聚力,基底向上变形的规律。

由图 5.4 和表 5.2 可知,5 条曲线变化趋势一致,在同一深度处,当黏聚力 $c < 24$ kPa 时,δ 随黏聚力的增加而减小的程度较明显,当黏聚力 $c \geq 24$ kPa 时,δ 随黏聚力的增加而减小的程度较小。由表 5.3 可知,在 20 m 深的基底处,随着黏聚力 c 的降低,δ 的比值在增加,由 $c = 16$ kPa 降到 $c = 8$ kPa 时,$\Delta\delta$ 的比值增加了 0.05;由 $c = 16$ kPa 增加到 $c = 24$ kPa 时,$\Delta\delta$ 的比值减小了 0.03;由 $c = 24$ kPa 增加到 $c = 32$ kPa 时,$\Delta\delta$ 的比值减小了 0.02,由 $c = 32$ kPa 增加到 $c = 40$ kPa 时,$\Delta\delta$ 的比值减小了 0.01。上述内容说明了黏聚力越小基底向上变形发展越快,但幅度不大。

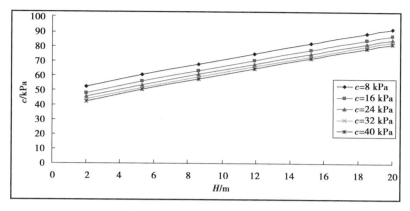

图 5.4　c 改变 δ 随 H 的变化图

表 5.2　改变黏聚力 δ 随 H 的变化表（单位：mm）

开挖深度 $H/$m	黏聚力 $c/$kPa				
	8	16	24	32	40
2	52.8	48.3	45.8	44.0	42.6
5.3	60.8	56.3	53.7	51.9	50.6
8.6	68.2	63.7	61.1	59.3	57.9
11.9	75.3	70.8	68.2	66.4	65.0
15.2	82.3	77.8	75.2	73.3	72.0
18.5	89.1	84.6	82.1	80.3	78.9
20	92.2	87.7	85.1	83.3	82.0

表 5.3　20 m 深各种黏聚力 δ 比值表

参数	黏聚力 $c/$kPa				
	8	16	24	32	40
δ 值/mm	92.2	87.7	85.1	83.3	82.0
比值	1.00	0.95	0.92	0.90	0.89

（3）改变摩擦角大小

当开挖深度 $H=20$ m，重度 $\gamma=18$ kN/m³，插入深度 $D=30$ m，摩擦角 ϕ 分别取 0、10°、15°、20°、30°、40°，黏聚力 $c=8$、16、24、32.0、40.0 kPa 时，寻找变化 ϕ 与 c 时 δ 的规律。

由图 5.5 和表 5.4 可知，δ 随黏聚力 c 的增加，降低幅度缓慢，随摩擦角 ϕ 的增加，降低幅度明显，由表 5.5 可知，在 20 m 深的基底处，随着摩擦角 ϕ 的增加，δ 的比值在减小，由 $\phi=10°$ 增加到 $\phi=20°$ 时，$\Delta\delta$ 的比值减小了 0.51；由 $\phi=20°$ 增加到 $\phi=30°$ 时，$\Delta\delta$ 的比值减小了 0.24；由 $\phi=30°$ 增加到 $\phi=40°$ 时，$\Delta\delta$ 的比值减小了 0.15。上述说明了摩擦角越小基底向上变形发展越快，趋近于软土时就可能随开挖的增加引起隆起破坏。对软土基坑的开挖，务必进行抗隆起稳定性验算。

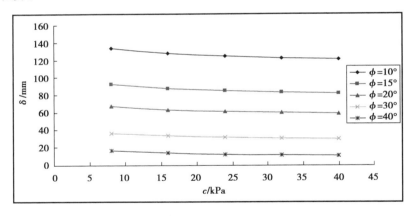

图 5.5　ϕ 改变 δ 随 c 的变化图

表 5.4　ϕ 改变 δ 随 c 的变化表（单位：mm）

黏聚力 c/kPa	摩擦角 ϕ/(°)				
	10	15	20	30	40
8	133.8	92.2	67.2	36.5	16.7
16	128.2	87.7	63.3	33.5	14.2
24	125.0	85.1	61.2	31.8	12.8

续表

黏聚力 c/kPa	摩擦角 ϕ/(°)				
	10	15	20	30	40
32	122.7	83.3	59.7	30.6	11.9
40	121.0	82.0	58.5	29.7	11.1

表 5.5　20 m 深各种摩擦角 δ 比值表

参数	摩擦角 ϕ/(°)			
	10	20	30	40
δ 值/mm	122.7	59.7	30.6	11.9
比值	1.00	0.49	0.25	0.10

5.1.2　改变外荷载大小及距离

取基坑内外土体的黏聚力 $c=32.0$ kPa、摩擦角 $\phi=15°$、重度 $\gamma=18$ kN/m³、抗拉强度 $f_t=5\times10^3$ N/m² 的均质土为研究对象，插入深度 $D=30$ m。改变外荷载的大小和距离，寻找基底向上变形 δ 随其变化的规律，此处外荷载包括堆载或已有建筑物等。

（1）在基坑边缘处改变外荷载

外荷载距基坑边缘的距离 $S=0$ 时，取外荷载 q 分别为 0、10、20、30、40 和 50 kPa，分析基底向上变形 δ 随基坑开挖深度 H 的变化规律。

由图 5.6 和表 5.6 可知，当基坑边荷载 $q=0$ 时，相当于随着基坑开挖，基坑内外高度差增加，增加的高度差引起的荷载对基底土体有超载作用，此时，δ 随开挖深度 H 的增加几乎呈线性增加。当基坑边上有外荷载作用时，δ 随开挖深度 H 的增加呈线性增加，随着外荷载的增加，δ 呈辐射状增加，当外荷载由 10 kPa 增至 50 kPa 时，δ-H 的直线斜率由 2.8 增至 6.8，随着 q 的增加，δ 值增加迅速。建议工程上开挖深基坑不在基坑边上堆载,若必须堆载,则需对地基进行相应的加固。

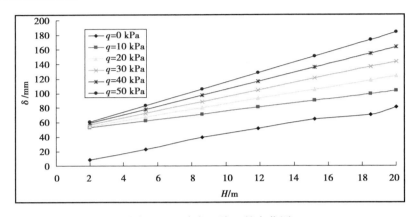

图 5.6　q 改变 δ 随 H 的变化图

表 5.6　q 改变 δ 随 H 的变化表(单位:mm)

开挖深度 H/m	基坑边外荷载 q 值/kPa					
	0	10	20	30	40	50
2	9.3	52.9	54.9	56.9	58.9	60.9
5.3	23.4	62.2	67.5	72.8	78.1	83.4
8.6	39.9	71.4	80.2	88.6	97.2	105.8
11.9	51.5	80.7	92.6	104.4	116.4	128.3
15.2	64.1	89.9	105.1	120.3	135.5	150.7
18.5	70.2	99.1	117.6	136.1	154.6	173.1
20	80.7	103.3	123.3	143.3	163.3	183.3

表 5.7　q 改变 Δδ/ΔH 比值表

参数	基坑边外荷载 q 值/kPa				
	10	20	30	40	50
20 m 深 δ/mm	103.3	123.3	143.3	163.3	183.3
2 m 深 δ/mm	52.9	54.9	56.9	58.9	60.9
Δδ/ΔH	2.8	3.8	4.8	5.8	6.8

（2）改变距基坑边缘距离

当 $q=30$ kPa 时，取 S 分别为 0、10、20、25、30 m，分析基底向上变形 δ 随基坑开挖深度 H 的变化规律。

从图 5.7 和表 5.8 可知，取 $q=30$ kPa，随着开挖深度 H 的增加，基坑向上变形值 δ 越来越增加，$\delta-H$ 呈线性增加；当外荷载距基坑边的距离 S 增加时，δ 在大幅减小，见表 5.9，由 17% 向 4% 递减，也就是说，当 $S/H \leqslant 1.25$ 时，δ 随 S 的增加而递减，当 $S/H > 1.25$ 时，δ 随 S 的增加而减小的幅度越来越小，其值非常接近。由此说明，为确保施工材料等堆载安全，工程上应该取基坑周围的外荷载距基坑边缘的距离是开挖深度 $1 \sim 1.5$ 倍以外。若不能满足此条件，需考虑外荷载对基底稳定性的影响。

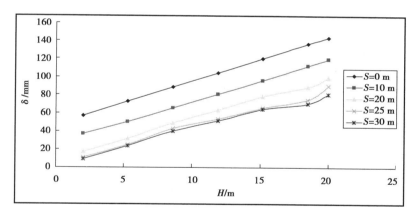

图 5.7　S 改变 δ 随 H 的变化图

表 5.8　S 改变 δ 随 H 的变化表（单位：mm）

开挖深度/m	外荷载 q 距基坑边的距离 S/m				
	0	10	20	25	30
2	56.9	36.8	16.7	10.7	9.3
5.3	72.8	50.1	31.8	24.6	23.4
8.6	88.6	65.5	48.9	43.2	39.9
11.9	104.4	80.5	63.2	53.1	51.5

续表

开挖深度/m	外荷载 q 距基坑边的距离 S/m				
	0	10	20	25	30
15.2	120.3	95.7	77.9	65.5	64.1
18.5	136.1	112.1	88.6	74.6	70.2
20	143.3	119.6	98.5	89.4	80.7

表 5.9　20 m 深 S 改变 δ 的比值表

参数	外荷载 q 距基坑边的距离 S/m				
	0	10	20	25	30
δ 值/mm	143.3	119.6	94.5	89.4	80.7
比值	1.00	0.83	0.66	0.62	0.56

5.1.3　改变连续墙插深比

就连续墙入土深度问题,依据静力平衡条件指出,当连续墙有多根支撑或锚,只要支撑强度满足,位置布置适当,支护结构的入土深度为零都会保持平衡。但实践证明,连续墙无入土深度会失稳。刘国彬等在文献的基础上进一步完善,用不同地下连续墙插入深度 D 与开挖深度 H 之比对基底向上变形量 δ 进行了修正,详见表 5.10,该表考虑了连续墙内外两侧土体的压力差,坑外土体在压力差的作用下向坑内移动,会使连续墙失稳。该表认为当 $D/H \geqslant 1.5$ 时,变形量很小,可不计;反之,要依表 5.10 计入变形量。

表 5.10　不同插入深度下的基坑坑底向上变形的增量(单位:cm)

D/H	$\geqslant 1.5$	1.4	1.3	1.2	1.1	1.0	0.9	0.8	0.6	0.4	0.2	0.1
$\Delta\delta$	0	0.33	0.68	1.09	1.54	2.06	2.66	3.368	5.25	8.35	15.14	24.3

本书就上述连续墙插深问题进一步从数值模拟角度进行研究。取基坑内外土体的密度 $\rho=1\,800\ kg/m^3$、黏聚力 $c=32.0\ kPa$、摩擦角 $\phi=15°$、泊松比 $\mu=0.2$、抗拉强度 $f_t=5×10^3\ N/m^2$ 的均质土为研究对象，$q=0$。改变地下连续墙的插入深度，寻找基底 δ 随 D/H 变化的规律，如图 5.8 和表 5.11 所示。

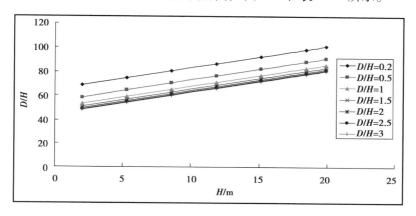

图 5.8　D/H 改变 δ 随 H 的变化图

表 5.11　D/H 改变时，δ 随 H 的变化图

开挖深度/m	连续墙插深比 D/H						
	0.2	0.5	1.0	1.5	2.0	2.5	3.0
2	68.7	58.4	53.2	50.9	49.6	48.6	48.0
5.3	74.6	64.4	59.2	56.9	55.5	54.6	53.9
8.6	80.6	70.3	65.1	62.8	61.5	60.5	59.8
11.9	86.5	76.2	71.1	68.8	67.4	66.5	65.8
15.2	92.4	82.2	77.0	74.7	73.3	72.4	71.7
18.5	98.4	88.1	82.9	80.6	79.3	78.3	77.7
20	101.1	90.8	85.6	83.3	82.0	81.0	80.4

由图 5.8 和表 5.10 可知，D/H 随基坑开挖深度 H 的增加呈线性增加，由表 5.12 可知，在同一深度处，随着 D/H 的增加，$\Delta\delta$ 趋向于 0。当 $D/H\leqslant1.5$ 时，

$\Delta\delta/H_{0.2}$ 由 0.1 向 0.05 向 0.03 递减;当 $D/H>1.5$ 时,$\Delta\delta/H_{0.2}$ 由 0.01 向 0.009 向 0.005 递减,连续墙插入深度小于 4 m 时,基底下土体会发生隆起破坏,大于等于 4 m 时土体不会破坏。

表 5.12   20 m 深 D/H 改变 δ 的比值表

D/H	0.2	0.5	1.0	1.5	2.0	2.5	3.0
δ 值/mm	101.1	90.8	85.6	83.3	82.0	81.0	80.4
比值	1.00	0.90	0.85	0.82	0.81	0.801	0.795

由此分析可知,连续墙增加入土深度可有效降低回弹量,因为当地下连续墙体满足强度和刚度的要求,足够的插入深度能够阻挡坑外土体向坑内涌入,对基底向上变形的制约有明显的效果,但一味地增加连续墙的嵌固深度是不合理的,建议工程上取 $D/H=1.5$ 就可满足要求。

5.1.4   小结

通过上述对基坑周围环境,即基坑周围土体参数(土体重度 γ、黏聚力 c 和摩擦角 ϕ)、地下连续墙嵌固深度 D,基坑外有无外荷载 q 及 q 距基坑边距离 S 等的详细数值模拟,借助软件 Origin 9.5,进行数理统计回归修正后得出:

$$\delta=-88.2+0.1\gamma H'+12.5\left(\frac{D}{H}\right)^{-0.5}+87.6c^{-0.04}(\tan\phi)^{-0.54} \qquad (5.1)$$

式中 δ——基底向上变形量,mm;

H——基坑开挖深度,m;

H'——地表超载的等代均布土层厚度,m,$H'=\left(1+\dfrac{q}{\gamma}\right)H$;

q——地面超载,kPa;

D——围护墙体的入土深度,m;

c——土体的黏聚力,kPa;

ϕ——土体的内摩擦角,(°);

γ——土体的重度,kN/m³。

并且,建议:①外荷载 q 尽量堆在距基坑边沿的距离是基坑开挖深度的 1.25 倍以外,堆载基坑边上对基底向上变形敏感,需作相应的地基加固处理;②支护结构的嵌固深度 D 应当略大于 1.5 倍基坑开挖深度 H,这样制约基底向上变形效果良好;③对 $\phi=0$ 的软土,务必进行抗隆起稳定性验算;④利用式(5.1)计算的 δ 通常小于 100 mm,若计算出的 δ 值太大,需作地基处理,或设工程桩。

5.2　基坑开挖空间效应对 δ 影响的研究

开挖基坑会使基底土体向上变形,也会引起周围土体向下沉降或向坑内位移,本章把开挖基坑引起周围及底部地层的变形情况称为基坑开挖空间效应。对于这种效应,在 20 世纪 30 年代就引起了 Terzaghi 等的重视,当时就认识到开挖段小的基坑基底的向上量要比开挖段大的基坑基底的变形量要小,但没有对变形量的大小作定性定量的分析。

随着基坑向深大方向发展,基坑开挖的空间效应对基底土体向上变形的影响越来越大,许多学者为此作了不懈的努力,从理论公式上进行了推导,但土层的不均匀性及土体开挖深度的影响致使土体模量难以确定,计算结果与实际的误差总是很大。

目前,俞建霖依据 Mindlin 解,得出关于基坑基底土体向上变形空间效应的定量计算方法。在该公式中充分考虑基坑开挖的深度、形状和面积等因素,在上海和杭州的大型基坑中很好地预估了基坑开挖引起的基底土体向上变形。但是 Mindlin 解是弹性力学公式,而土是弹塑性材料,直接应用 mindlin 解来计算基底土体向上变形量会产生较大的误差,并且计算过程烦琐,不适合在工程上应用。

师晓权将布辛奈斯克公式用于卸荷情况下的基坑基底土体向上变形计算,

按弹性力学公式,基坑开挖时所产生的土体基底土体向上变形量为

$$s = \frac{1-\mu}{E}\omega b p_0 \tag{5.2}$$

式中 b——矩形荷载的宽度或圆形荷载的直径;

ω——中心点回弹影响系数。

用式(5.2)分析不同开发面积下的基坑相对关系时,可消除土体模量的影响,只考虑开挖面积对基底土体向上变形量的影响。该方法仍然是可取的。并由此公式得出:

①在长宽比不变的情况下,卸荷面积增加1倍,则相应卸荷面积上各基底土体向上变形量增加41.1%(无论长、正、圆形)。

②当卸荷宽度 b 不变时,矩形卸荷面积上各点的基底土体向上变形量均随着卸荷长度 t 的增加而增加。例如,当从2增高4时,ω 从1.53增高为1.96,卸荷量面积上各点的基底土体向上变形量约增加25%。

③相同卸荷面积下,利用长条形的开挖方式比方形的开挖方式所引起的基底土体向上变形量要小。

④基坑隆起量随着开挖宽度的增大而增大,但是当基坑开挖宽度达到一定值以后,坑底基底土体向上变形量变化趋近于稳定。

本书针对基坑开挖基底向上的最大位移 δ 为研究对象,地基土本构模型选取 Mohr-Coulomb 模型借助 FLAC3D 4.0 软件基于 Mohr-Coulomb 本构模型建模,如图3.9所示,根据本书2.6节及3.5.1节建模内容所述,对基坑开挖的空间效应进行数值模拟分析。因基坑开挖的深度、形状及面积是影响其空间效应的主要因素,故本书详细对比了不同基坑开挖形状、不同开挖面积及不同开挖深度等工况下基坑基底土体向上变形的变化规律。

5.2.1 基坑宽度变化对基底回弹的影响

基坑长度方向取 $l = 200$ m,宽度方向分别取 $b = 20$、60、100、150 和 200 m,基坑平面由长条形到方形变化。基坑分七步开挖,每步的开挖深度分别为 $z = 2$、

5.3、8.6、11.9、15.2、18.5 和 20 m。基坑每步开挖情况如图 5.9 所示,基坑形状对称,为了研究问题的方便取 1/4 为研究对象。取基坑长边 l 的中点为 A,宽边 b 的中点为 B,取右上角角点为 C,取基坑中心点为 O。找出 A、B、C、O 各点的 δ 值随基坑宽度和开挖深度的变化规律。

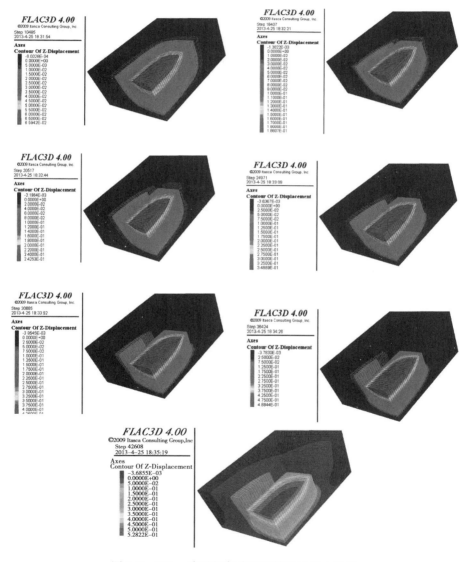

图 5.9　100 m 宽基坑每步开挖情况三维立体图

如图 5.10 所示中(a)、(b)、(c)、(d)和(e)图分别是基坑开挖宽度为 20、60、100、150 和 200 m,开挖各阶段不同点的 δ 值随开挖深度的变化情况。

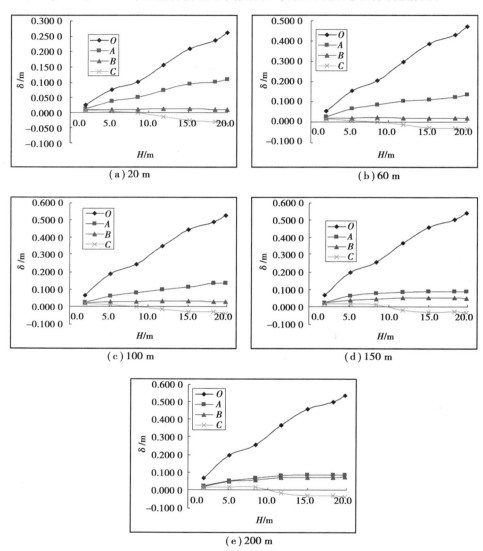

图 5.10　各种基坑宽度不同点的 δ 值随 H 的变化图

由图 5.10 可知,4 个点在各种宽度不同的基坑形状中,表现的规律都是一致的,即中心点 O 的 δ 值最大,随开挖深度的增加 δ 值增加明显;其次是长边中

点 A 值大,也随开挖深度的增加而增大;再次是宽边中点 B 点值大,在宽度是 20 m 时,其值基本不随开挖深度的增加而增加。随着基坑宽度的增加,B 曲线越来越靠近 A 曲线,在基坑宽为 200 m 时,两条曲线几乎重合,但 A 曲线值略大,因为两边网格密度不同,长边 4 m/格,宽边 2 m/格。说明网格越密,回弹值越小,但差值幅度很小。求解时间受网格尺寸的影响很大,$t \infty N^{3/4}$,N 为网格的数目。FLAC3D 软件对网格尺寸的大小即网格密度非常敏感,对同一个模型,不同网格密度,求解的时间相差可达数倍。网格密度小的模型算得快,计算的精度不高;反之,算得慢,计算的精度高。对深大基坑工程,需要进行合理的简化,基坑周围网格密度大些,向远处逐渐稀疏,绝不是一定要追求网格模型与实际工程多么吻合,这种吻合会花费大量的时间和精力,这是不合适的,分析人员应该把重点放在解释计算结果上。图 5.10 中角点的 δ 值随开挖深度的增加由回弹转为沉降,由于此处土体的变形受到支护结构的约束,因此变形值很小。A 点和 B 点道理同 C 点,主要是关注控制 O 点 δ 值。

由图 5.11 可知,同样长度的基坑,宽度越大 δ 值越大,但是当开挖宽度达到一定值以后,坑底 δ 变化趋于稳定。由表 5.14 可知,当宽度是长度的一半时,δ 值是宽度等于长度时的 0.935~0.981 倍,开挖越深比值越接近。

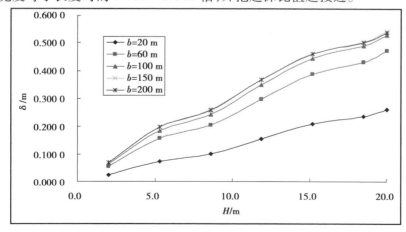

图 5.11　O 点不同基坑宽度 δ 随 H 的变化图

表 5.13　O 点不同基坑宽度 δ 随 H 的变化表

基坑宽度/m	开挖深度/m						
	2.0	5.3	8.6	11.9	15.2	18.5	20.0
20	25	75	101	155	210	236	261
60	56	157	205	298	388	430	472
100	66	186	243	349	445	488	528
150	69	198	0.257	367	461	503	540
200	69	199	259	368	461	500	538

表 5.14　O 点 $\delta_{100}/\delta_{200}$ 随 H 的变化表

参数		开挖深度 H/m						
		2.0	5.3	8.6	11.9	15.2	18.5	20.0
基坑宽度 b/m	100	66	186	243	349	445	488	528
	200	69	199	259	368	461	500	538
$\delta_{100}/\delta_{200}$		0.957	0.935	0.938	0.948	0.965	0.976	0.981

　　取宽度是长度的一半的长条形基坑来分析问题。这样就可以用原模型的 1/8 来较好地模拟,节省 7/8 的建模空间,大幅度地提高计算机的运算速度。为了研究问题的方便,也为了节省运算时间,下面取较小尺寸模型为研究对象。

5.2.2　长宽比不变面积增加 1 倍

　　模型的工况:基坑深 20 m,长宽比为定值 1,即正方形基坑,依次分 5 种情况:20 m×20 m,28.3 m×28.3 m,40.0 m×40.0 m,56.6 m×56.6 m,80 m×80 m。长宽比为定值 2,即长条形基坑,依次分 3 种情况:20 m×40 m,28 m×57 m,40 m×80 m。这几种形状基坑面积中,后一种基坑面积是相邻前一种基坑面积的两倍,即面积增加 1 倍,边长增加约 0.4 倍。模型的边长取基坑深度的 9 倍为 180

m,高度取基坑深度的 3 倍为 60 m。为研究问题的方便,以双向中心线为对称面取其 1/4 来建模。基坑分七步开挖,每步的开挖深度分别为 $z = 2$、5.3、8.6、11.9、15.2、18.5 和 20 m。基坑每步开挖情况如图 5.12 所示,找出每步开挖的 δ 值随基坑边长 b 和开挖深度 H 的变化规律。

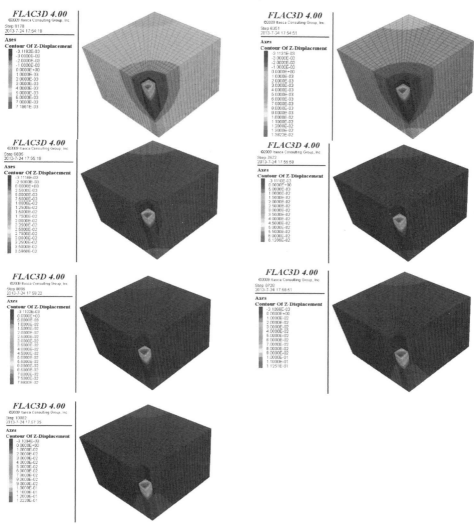

(a) 20 m × 20 m

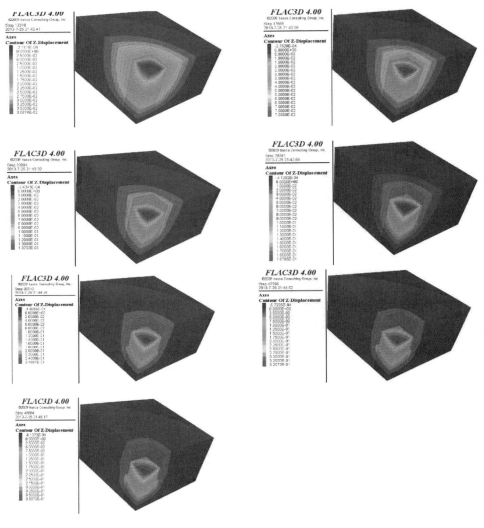

(b) 40 m × 40 m

图 5.12　长宽比不变面积增加 1 倍每步开挖情况三维立体图

　　由表 5.15—表 5.19 和图 5.12、图 5.13 可知,在各种边长不同的方形基坑中,表现的规律都是一致的,即每步开挖的 δ 值随开挖深度 H 的增加而增加。随着基坑面积的成倍增加,δ 值也在增加。由前述基坑宽度变化对基底 δ 的影响分析研究已知:在开挖时间相同的条件下,基坑的开挖宽度不同,对坑底 δ 的影响很大,宽度越大 δ 越大,但是增大的幅度在逐渐减小,当宽度达到某值时,δ 趋于稳定。由表 5.15—表 5.19 可知,基坑边长为 28.3 m 的方形基坑是基坑边长为 20 m 基坑面积的 2 倍,即边长增加 41.5% ,δ 值增加 0.89 ~ 1.46 倍;基坑边长为 40.0 m 的方形基坑是边长为 28.3 m 基坑面积的 2 倍,即边长增加 41.3% ,δ 值增加 0.31 ~ 0.83 倍;基坑边长为 56.6 m 的方形基坑是边长为 40.0 m 基坑面积的 2 倍,即边长增加 41.5% ,δ 值增加 0.22 ~ 0.69 倍;基坑边长为 80.0 m 的方形基坑是边长为 56.6 m 基坑面积的 2 倍,即边长增加 41.3% ,δ 值增加 0.15 ~ 0.45 倍。由此可知,相邻两基坑面积越大,其回弹值增加比值越小,直至趋近于 0,即不增加。而不完全像师晓权按弹性力学公式(5.2)所得的基坑开挖时所产生的土体向上变形量,对矩形荷载的情况,方形荷载、圆形荷载同样如此。土体是典型的弹塑性材料,在很小的加荷应力下即进入塑性状态,直接应用弹性力学公式会造成较大的误差,并且土的模量难以确定。

表 5.15　长宽比为定值 1 基坑面积成倍增加基底 δ 随 H 的变化情况(单位:mm)

面积倍数	基底面积 /(m×m)	基坑开挖深度/m						
		2	5.3	8.6	11.9	15.2	18.5	20
1	20×20	7.2	13.82	35.97	61.27	78.83	112.51	122.39
2	28.3×28.3	13.6	31.69	88.46	132.88	177.8	229.23	234.63
4	40.0×40.0	24.95	54.71	121.90	187.02	239.16	300.13	341.21
8	56.6×56.6	42.26	81.56	156.95	228.63	299.64	371.10	416.55
16	80×80	53.16	118.98	225.03	286.42	380.56	459.47	481.14

表 5.16　边长为 28.3 m 与边长是 20 m 的基坑 δ 的比值(单位:mm)

基底面积 /(m×m)	基坑开挖深度/m						
	2	5.3	8.6	11.9	15.2	18.5	20
20×20	7.2	13.8	35.9	61.3	78.8	112.5	122.4

续表

基底面积/(m×m)	基坑开挖深度/m						
	2	5.3	8.6	11.9	15.2	18.5	20
28.3×28.3	13.6	31.7	88.5	132.9	177.8	229.2	234.6
比值	1.89	2.29	2.46	2.17	2.26	2.04	1.92

表 5.17　边长为 40.0 m 与边长是 28.3 m 的基坑 δ 的比值（单位:mm）

基底面积/(m×m)	基坑开挖深度/m						
	2	5.3	8.6	11.9	15.2	18.5	20
28.3×28.3	13.6	31.7	88.5	132.9	177.8	229.2	234.6
40.0×40.0	24.9	54.7	121.9	187.0	239.2	300.1	341.2
比值	1.83	1.72	1.38	1.41	1.35	1.31	1.45

表 5.18　边长为 56.6 m 与边长是 40.0 m 的 δ 的比值（单位:mm）

基底面积/(m×m)	基坑开挖深度/m						
	2	5.3	8.6	11.9	15.2	18.5	20
40.0×40.0	24.9	54.7	121.9	187.0	239.2	300.1	341.2
56.6×56.6	42.3	81.6	156.9	228.6	299.6	371.1	416.6
比值	1.69	1.49	1.29	1.22	1.25	1.24	1.22

表 5.19　边长为 80.0 m 与边长是 56.6 m 的 δ 的比值（单位:mm）

基底面积/(m×m)	基坑开挖深度/m						
	2	5.3	8.6	11.9	15.2	18.5	20
56.6×56.6	42.3	81.6	156.9	228.6	299.6	371.1	416.6
80×80	53.2	118.9	225.0	286.4	380.6	459.5	481.1
比值	1.26	1.45	1.43	1.25	1.27	1.24	1.15

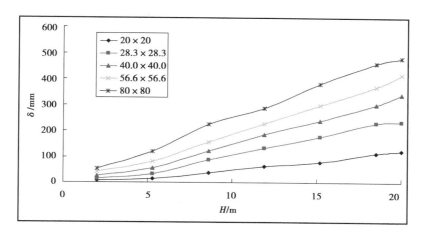

图 5.13　基坑面积成倍增加基底 δ 随 H 的变化图

由表 5.20—表 5.22 和图 5.14 可知,基坑面积为 28 m×57 m 的长条形基坑是基坑面积为 20 m×40 m 的长条形基坑面积的 2 倍,即边长约增加 41%,δ 值增加 0.07~0.47 倍;基坑面积为 40 m×80 m 的长条形基坑是基坑面积为 28 m×57 m 的长条形基坑面积的 2 倍,即边长约增加 41%,δ 值增加 0.12~0.27 倍,也不像师晓权所得结论第一条所言。

表 5.20　长宽比为定值 2 基坑面积成倍增加基底 δ 值随 H 的变化表(单位:mm)

面积倍数	基底面积/(m×m)	基坑开挖深度/m						
		2	5.3	8.6	11.9	15.2	18.5	20
1	20×40	12.77	39.17	88.51	147.56	196.51	256.31	275.23
2	28×57	31.5	68.28	121.27	167.88	210.73	278.47	299.88
4	40×80	39.02	77.05	146.35	199.04	267.89	352.17	378.42

表 5.21　改变面积基坑 δ 值的比值表(单位:mm)

基底面积/(m×m)	基坑开挖深度/m						
	2	5.3	8.6	11.9	15.2	18.5	20
20×40	12.7	39.2	88.5	147.6	196.5	256.3	275.2

续表

基底面积/(m×m)	基坑开挖深度/m						
	2	5.3	8.6	11.9	15.2	18.5	20
28×57	31.5	68.3	121.3	167.8	210.7	278.5	299.8
比值	2.47	1.74	1.37	1.14	1.07	1.09	1.09

表 5.22　改变面积基坑 δ 值的比值表(单位:mm)

基底面积/(m×m)	基坑开挖深度/m						
	2	5.3	8.6	11.9	15.2	18.5	20
28×57	31.5	68.2	121.3	167.9	210.7	278.4	299.8
40×80	39.0	77.1	146.4	199.0	267.9	352.2	378.4
比值	1.24	1.13	1.21	1.19	1.27	1.26	1.26

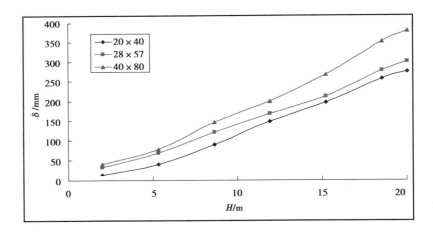

图 5.14　长宽比为定值面积增加基底 δ 值随 H 的变化图

　　综上所述,通过对方形基坑和长条形基坑在长宽比不变,面积增加一倍的工况下,进行数值分析,所得基底 δ 值的比较,得知其 δ 值并不完全是卸荷面积上各点 δ 量增加 41.4%,而且面积越大,增加的 δ 量越小,式(5.2)太理想化,应用于工程实际具有很大的局限性,有待进一步完善,需对具体问题具体研究。

5.2.3　等面积比较

　　模型的工况：基坑深 20 m，正方形基坑 40.0 m×40.0 m 与长条形基坑 20 m× 80 m。这两种形状基坑面积相等，比较它们对基底 δ 值的影响程度。模型的边长取基坑深度的 9 倍为 180 m，高度取基坑深度的 3 倍为 60 m。为研究问题的方便，以双向中心线为对称面取其 1/4 来建模。基坑分七步开挖，每步的开挖深度分别为 $z=2$、5.3、8.6、11.9、15.2、18.5 和 20 m。基坑每步开挖情况如图 5.15 所示，找出每步开挖的 δ 随基坑边长和开挖深度 H 的变化规律。

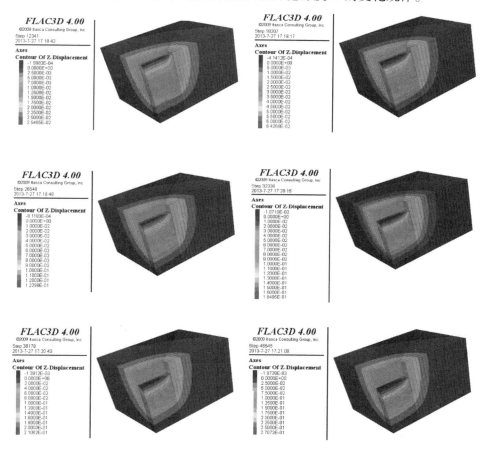

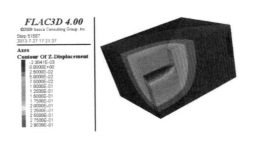

图 5.15　20 m×80 m 基坑每步开挖情况三维立体图

由表 5.23 和图 5.16 可知,40 m×40 m 的方形基坑与 20 m×80 m 的矩形基坑具有相同开挖面积,但方形基坑基底 δ 量要比矩形基坑基底 δ 量要大,开挖深度越深,比值越大,从 2 m 深到 20 m 深,比值变化由 1.02 增长为 1.18。实际基坑工程开挖应分条进行。

表 5.23　等面积比较基底 δ 值随 H 变化的比值表(单位:mm)

基底面积	基坑开挖深度/m						
/(m×m)	2	5.3	8.6	11.9	15.2	18.5	20
20×80	24.5	54.3	112.9	164.9	210.6	270.7	290.4
40×40	24.9	54.7	121.9	187.0	239.2	300.1	341.2
比值	1.02	1.01	1.08	1.13	1.14	1.11	1.18

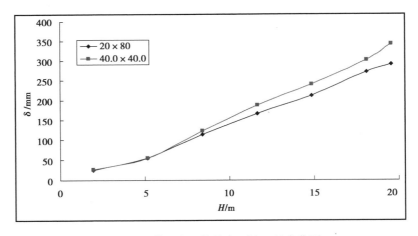

图 5.16　等面积比较基底 δ 随 H 的变化图

5.2.4　宽度不变长度增加

模型的工况：基坑深 20 m，宽度不变，长度增加，依次分 3 种情况：20 m×20 m；20 m×40 m；20 m×80 m。这几种形状基坑面积，后一种基坑长边是相邻前一种基坑长边的两倍。模型的边长取基坑深度的 9 倍为 180 m，高度取基坑深度的 3 倍为 60 m。为研究问题的方便，以双向中心线为对称面取其 1/4 来建模。基坑分七步开挖，每步的开挖深度分别为 $z=2$、5.3、8.6、11.9、15.2、18.5 和 20 m。

由表 5.24—表 5.26 和图 5.17 可知，当基坑宽度 b 不变时，增加基坑开挖长度，其 δ 量也随之增加，但增长幅度在减小。基坑长度从 20 m 增长到 40 m，其比值由 2.83 减至 2.25，1.77 略去不计，说明随开挖深度的增加，增幅降低。同理，基坑长度从 40 m 增长到 80 m，其比值由 1.99 减至 1.06，再次证明上述结论正确。而不完全像文献[2]结论所言，这再一次鉴定式（5.2）的局限性。

表 5.24　宽度不变长度增加基底 δ 值随 H 的变化表（单位：mm）

l/b	基底面积 /（m×m）	基坑开挖深度/m						
		2	5.3	8.6	11.9	15.2	18.5	20
1	20×20	7.2	13.82	35.97	61.27	78.83	112.51	122.39
2	20×40	12.77	39.17	88.51	147.56	196.51	256.31	275.23
4	20×80	25.47	64.27	112.98	164.95	210.62	270.73	290.39

表 5.25　l/b 从 1 增至 2 时卸荷面积上 δ 值的比值（单位：mm）

基底面积 /（m×m）	基坑开挖深度/m						
	2	5.3	8.6	11.9	15.2	18.5	20
20×20	7.2	13.8	35.9	61.3	78.8	112.5	122.4
20×40	12.8	39.2	88.5	147.6	196.5	256.3	275.2
比值	1.77	2.83	2.46	2.41	2.49	2.28	2.25

表 5.26 l/b 从 2 增至 4 时卸荷面积上 δ 的比值(单位:mm)

基底面积 /(m×m)	基坑开挖深度/m						
	2	5.3	8.6	11.9	15.2	18.5	20
20×40	12.8	39.2	88.5	147.6	196.5	256.3	275.2
20×80	25.5	64.3	112.9	164.9	210.6	270.7	290.4
比值	1.99	1.64	1.28	1.12	1.07	1.06	1.06

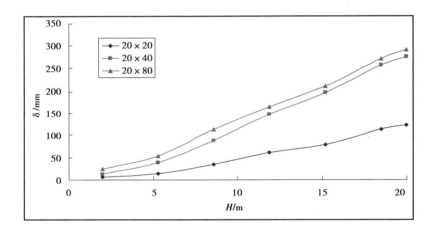

图 5.17 宽度不变长度增加基底 δ 值随 H 的变化图

5.3 工程桩制约基底向上变形的数值分析

近年来,随着高层建筑的兴盛,促使深基坑工程迅速发展,基坑越深,回弹隆起越大,对如何限制基底向上变形 δ 合理预估建筑物的沉降及保护地下管线成为重点关注的课题。众多文献表明工程桩是制约基底向上变形的有效途径,但如何合理设计工程桩资料甚少,本书就此展开了讨论。所谓工程桩指的是在工程中使用的桩,而且在建筑物和构筑物中受力起作用,用在工程实体上的桩,要承受一定的荷载。

5.3.1　建立模型

依据本书 2.6 节建模,并把 4.3 节的建模步骤中的"solve fos"命令关掉,选用的土层为均质黏土,不考虑有地下水的作用。本构模型选用修正摩尔-库仑模型,地基土的参数根据表 3.2—表 3.4,这里把弹性模量 E 作为变量,详见第三章所述。工程桩的模拟采用桩结构单元 Pile,其参数可根据侯慧敏和肖昭然等的建议,参考表 5.27 确定。

表 5.27　桩结构单元参数表

桩结构单元参数							
弹性模量 E	泊松比 μ	剪切弹簧参数			法向弹簧参数		
		内聚力 c_s	摩擦角 ϕ_s	剪切刚度 k_s	内聚力 c_n	摩擦角 ϕ_n	剪切刚度 k_n
20 GPa	0.2	50 kN/m	0	130 GPa	1 kN/m	0	1.3 MPa
横截面积 A	Y 轴的惯性矩 I_y		Z 轴的惯性矩 I_z		极惯性矩 J		外圈周长 P
0.283 m²	0.006 362 m⁴		0.006 362 m⁴		0.012 72 m⁴		1.885 m

5.3.2　数值模拟主要分析内容

取工程桩埋深 20 m,基坑的 1/4 桩数为 3×3＝9 根。

首先,有无桩、网格密度及桩在网格中的位置不同对 δ 的影响:①比较网格密度是 1.0 m/个和 1.5 m/个网格有无桩对 δ 的影响;②比较桩在网格中和在节点上对 δ 的影响;③取基坑宽度 $B=9$ m,桩径 $d=0.8$ m,桩长 $L=25$ m,桩埋深 20 m,比较有无桩在 $z=20$ m,$y=1.5$ m,这两个面的交线上各点的 δ 值的变化规律。

其次,改变桩与基坑的参数对 δ 的影响:①桩径分别取 $d=0.6$、0.8、1.0、

1.2、1.4 m;②桩长分别取 $L = 10$、15、20、25、30、35、40 m;③桩距分别为 $s = 3d$、4d、5d、6d、7d 和 8d;④基坑边长分别取 $l = 6$、8、9、11 m。

基坑分七步开挖,每步的开挖深度分别为 $z = 2$、5.3、8.6、11.9、15.2、18.5 和 20 m。基坑每步开挖情况如图 5.18 所示。图 5.19 是将图 5.20 的第五、六、七步三维图放大,以便更能看清 20 m 埋深工程桩对桩顶以上土体向上变形的影响程度。

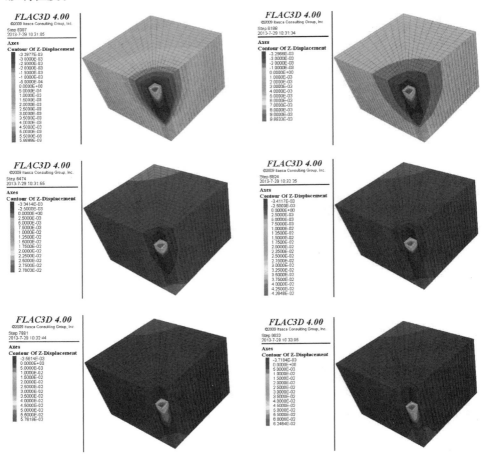

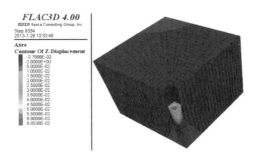

图 5.18　基坑每步开挖三维立体图

如图 5.19（a）、（b）和（c）所示分别是开挖深度为 15.2 m、18.5 m、20 m,在 20 m 深处设工程桩对基底以上土体向上变形的三维图。

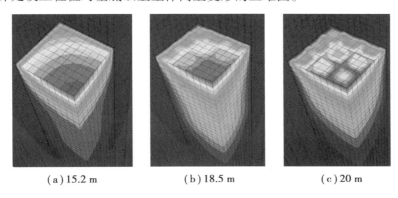

（a）15.2 m　　　　　　（b）18.5 m　　　　　　（c）20 m

图 5.19　20 m 深处设工程桩对基底以上土体向上变形的三维图

5.3.3　有无桩与网格密度及桩在网格中的位置不同对 δ 的影响

前面 5.2 节内容已述及,网格密度越大计算精度越大,但过大的网格密度导致计算机求解速度大大降低,需选择合适的网格密度。取边长为 18 m 的方形基坑,网格密度分别取 1.0 m×1.0 m 和 1.5 m×1.5 m,比较这两种情况对基坑回弹值的影响程度。

当网格密度为 1.0 m×1.0 m 时,桩设在网格中,如图 5.20（c）、（d）所示;当网格密度为 1.5 m×1.5 m 时,桩设在节点上,如图 5.20（a）、（b）所示,比较桩设在网格中和网格节点上对 δ 值的影响程度。

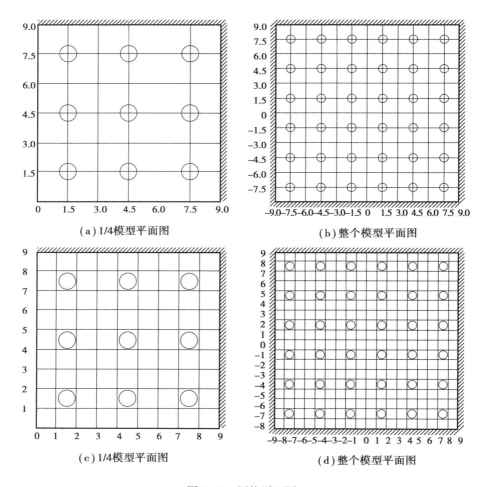

图 5.20　网格平面图

从基坑开挖深度方向与 20 m 深基底所在平面,分别讨论有桩和无桩对 δ 值的影响情况。

图 5.20(a)和(b)为桩设在节点上,网格密度为 1.5 m/个,图 5.20(c)和(d)为桩设在网格中,网格密度为 1.0 m/个,网格密度对有无桩及桩与网格的位置的影响见表 5.28 和图 5.20。

表5.28　考虑网格的影响δ随H的变化表(单位:mm)

开挖深度/m	桩在网格中 (1.0×1.0)	桩在节点上 (1.5×1.5)	无桩(1.0×1.0)	无桩(1.5×1.5)
2	5.4	7.6	5.2	7.6
5.3	17	21.0	15.8	21.0
8.6	33.0	35.8	33.4	37.0
11.9	40.6	42.6	43.2	47.2
15.2	45.3	46.4	53.2	59.2
18.5	46.6	49.0	70.2	72.8
20	45.0	47.4	74.4	75.4

由图5.21和表5.28可知,在等大等深基坑情况下,无桩时,网格密度越大δ越大,网格密度1.0 m/个的δ值是1.5 m/个的0.68~0.99倍,随开挖深度H的增加,两者比值越来越接近,也就是说,开挖深度越深网格密度的影响越小些。

由图5.21和表5.29、表5.30可知,在等大等深基坑情况下,桩设在节点上比设在网格中δ大,这是因为桩设在节点上,土体向四周传力不均匀,扩散范围小。设在网格中的δ值是设在节点上的0.71~0.95倍,随开挖深度的增加,两者比值越来越接近,也就是说,为了研究问题的方便,后续内容将模型的网格密度设为1.5 m×1.5 m对基底δ值的研究更为合适,即取图5.20(b)为研究对象。

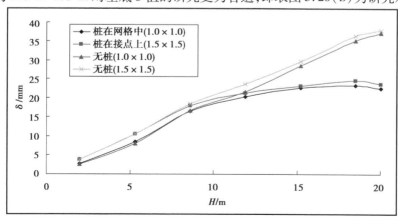

图5.21　考虑网格的影响δ随H的变化图

表5.29 无桩不同网格密度 δ 的比较(单位:mm)

开挖深度项目	网格密度		比值
	1.0 m/个	1.5 m/个	
2.0 m	5.2 mm	7.6 mm	0.68
5.3 m	15.8 mm	21.0 mm	0.75
8.6 m	33.4 mm	37.0 mm	0.90
11.9 m	43.2 mm	47.2 mm	0.92
15.2 m	53.2 mm	59.2 mm	0.97
18.5 m	70.2 mm	72.8 mm	0.96
20.0 m	74.4 mm	75.4 mm	0.99

表5.30 桩在网格中的不同位置 δ 的比较(单位:mm)

开挖深度项目	桩在网格中 (1.0×1.0)	桩在节点上 (1.5×1.5)	比值
2.0 m	5.4 mm	7.6 mm	0.71
5.3 m	17 mm	21.0 mm	0.81
8.6 m	33.0 mm	35.8 mm	0.92
11.9 m	40.6 mm	42.6 mm	0.95
15.2 m	45.3 mm	46.4 mm	0.95
18.5 m	46.6 mm	49.0 mm	0.95
20.0 m	45.0 mm	47.4 mm	0.95

由图5.22和表5.31可知,在等大等深基坑情况下,在20 m深处设桩,在桩顶以上一定范围的 δ 值将比无桩时要小。在8.6 m深度处,有桩的 δ 值是无桩 δ 值的0.97倍,在20 m深度处,有桩的 δ 值是无桩 δ 值的0.63倍,越接近桩顶影响越大,在实际工程中,在基坑开挖前先打桩进行地基处理。

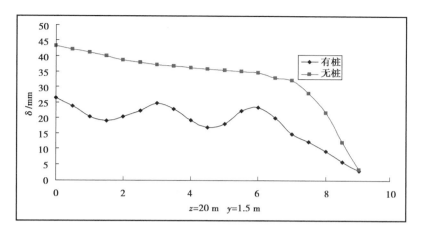

图 5.22　比较有无桩对 δ 的影响图

表 5.31　网格密度为 1.5 m×1.5 m 有无桩 H 不同 δ 的比较

开挖深度项目/m	无桩/mm	有桩/mm	比值
2.0	7.6	7.6	1.0
5.3	21.0	21.0	1.0
8.6	37.0	35.8	0.97
11.9	47.2	42.6	0.90
15.2	59.2	46.4	0.78
18.5	72.8	49.0	0.67
20.0	75.4	47.4	0.63

　　上述内容从深度方向对比了有桩与无桩对 δ 值的影响程度,为了进一步研究该问题,取水平方向不同点有无桩 δ 值,进行比较,网格密度同样取 1.5 m×1.5 m。

表 5.32　在 $z=20$ m, $y=1.5$ m 两个面的交线上有、无桩各点的 δ 的比较(单位:mm)

$z=20$ m, $y=1.5$ m, $x=$	有桩(1.5×1.5)	无桩(1.5×1.5)	比值
0 m	39.6	64.8	0.61
0.5 m	35.6	63.3	0.56

续表

$z=20$ m,$y=1.5$ m,$x=$	有桩(1.5×1.5)	无桩(1.5×1.5)	比值
1.0 m	30.5	61.7	0.49
1.5 m	28.4	60.0	0.47
2.0 m	30.5	58.1	0.52
2.5 m	33.3	57.0	0.58
3.0 m	37.1	55.8	0.66
2.5 m	34.2	55.1	0.62
4.0 m	28.7	54.5	0.53
4.5 m	25.2	53.9	0.47
5.0 m	27.2	53.3	0.51
5.5 m	33.3	52.7	0.63
6.0 m	35.1	52.1	0.67
6.5 m	30.0	49.5	0.61
7.0 m	22.1	48.3	0.46
7.5 m	18.3	41.9	0.44
8.0 m	13.8	32.4	0.43
8.5 m	8.6	18.0	0.48
9.0 m	4.4	4.8	0.91

取基坑宽 $B=9$ m,桩径 $d=0.8$ m,桩长 $L=25$ m,桩埋深 20 m,详见图 5.20（b），在 $z=20$ m,$y=1.5$ m,这两个面的交线上各点有无桩的 δ 值的变化规律。

图 5.23 和表 5.30 为有工程桩时坑底向上变形的数值模拟结果,当不考虑工程桩影响时,δ 曲线呈凸形或倒扣锅底形,即 $x=0$ 的中部向上变形大,边缘变形小;当考虑工程桩影响时,δ 曲线为波纹形,曲线的波谷处是桩的位置,由于基坑内工程桩对其周围土体的拉拽作用,桩体附近的土体 δ 变形较小,而桩与桩之间的土体向上变形较大。有桩比无桩大大减小了向上变形,相同条件下,减小幅度为 $0.4 \sim 0.6$ 。

工程桩的存在并非所有情况下对坑内土体都起到加固作用,这主要取决于工程桩施工时对桩间土的扰动程度和基坑开挖的时间长短。如果工程桩为挤土桩,由于固结时间短,坑内土体强度将有一定程度的降低;如果为非挤土桩(大多数情况),工程桩对土体有加强作用,有利于控制基底向上变形。

5.3.4　改变桩与基坑的参数对最大回弹值的影响

参考图 5.20(a),桩径 $d=0.6$ m,桩数为 3 根,桩距 s(m)的改变会引起基坑边长改变,具体对应关系见表 5.33。

表 5.33　桩距与基坑边长的关系表

桩距 s/m	基坑边长一半 B/m
$3d$	$3 \times 0.6 \times 2 + 0.5 \times 3 \times 0.6 + 1.5 = 6$
$4d$	$4 \times 0.6 \times 2 + 0.5 \times 4 \times 0.6 + 2 = 8$
$5d$	$5 \times 0.6 \times 2 + 0.5 \times 5 \times 0.6 + 1.5 = 9$
$6d$	$6 \times 0.6 \times 2 + 0.5 \times 6 \times 0.6 + 2 = 11$
$7d$	$7 \times 0.6 \times 2 + 0.5 \times 7 \times 0.6 + 1.5 = 12$
$8d$	$8 \times 0.6 \times 2 + 0.5 \times 8 \times 0.6 + 2 = 14$

(1)改变桩距

取桩长 $L=25$ m,桩径 $d=0.6$ m,桩埋深 20 m,改变桩距,依据表 5.31 可知,基坑边长也发生了变化,如图 5.23 所示,寻找基底 δ 的变化规律。

由图 5.23 可知,桩距越大桩限制向上变形的作用越小,当桩距 $s=3d$ 时,设桩可减小 δ 值 0.61～0.73;当桩距 $s=8d$ 时,桩几乎不起作用;当桩距 $s=7d$ 时,桩起的作用也不大,δ 值减小幅度为 0.14～0.18;当桩距 $s=6d$ 时,桩起的作用较大,δ 值减小幅度为 0.23～0.37,建议桩距 s 不大于 $6d$,而且,桩距越大,支护结构对基坑边缘的 δ 值限制也越小;当桩距 $s=3d$ 时,基坑边缘的 δ 值为负值,很小,即略有沉降;当桩距 $s=8d$ 时,基坑边缘的 δ 值约为中部 δ 值的一半。桩距越小,即桩布得越密,对基底向上变形制约作用越强;反之,越弱。

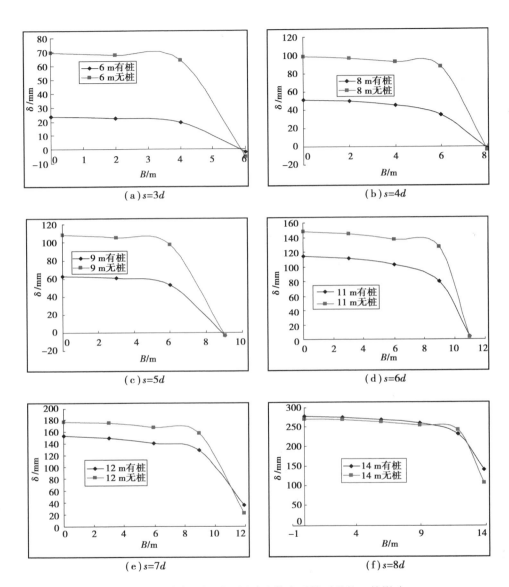

图 5.23　改变基坑平面尺寸比较有无桩对基坑 δ 的影响

（2）改变基坑边长

取桩长 $L=25$ m，桩径 $d=0.6$ m，桩埋深 20 m，改变基坑边长 B，可依据表 5.31 设桩，比较有桩与无桩两种情况，基底 δ 随基坑边长 B 的变化规律。

由图 5.24 和图 5.25 可知，基底 δ 值随基坑边长的增加而增加；在埋深 20

m 处设桩,对 20 m 深 δ 值的限制作用随基坑边长的增加而减小;4 条回弹曲线上,在基坑开挖 15.2 m 处出现明显拐点,说明在埋深 20 m 处设桩,对 20 m 深以上一定范围的土体(15.2 ~ 20 m)的 δ 值明显减小:基坑边长为 12 m 时,减小幅度为 0.11 ~ 0.66;基坑边长为 16 m 时,减小幅度为 0.20 ~ 0.48;基坑边长为 18 m 时,减小幅度为 0.18 ~ 0.42;基坑边长为 22 m 时,减小幅度为 0.06 ~ 0.30。即基坑边长越小,设桩,对桩基以上土体向上变形影响越大。也可以说,设桩的密度越大,数量越多,越能制约向上变形,充分说明工程桩能有效地减小和消除向上变形问题。

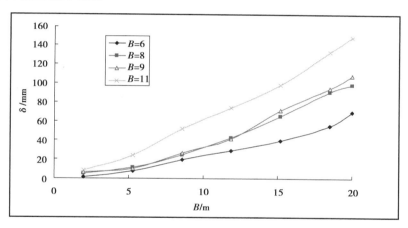

图 5.24　无工程桩基底 δ 随 B 的变化图

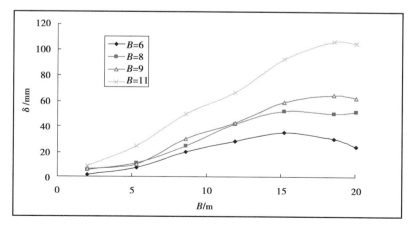

图 5.25　有工程桩基底 δ 随 B 的变化图

（3）改变桩径

取基坑边长 $B=9$ m，桩长 $L=25$ m，桩埋深 20 m，改变桩径，找基底 δ 值随开挖深度 H 的变化规律。

由图5.26和表5.34可知，在20 m深度处设桩，增大桩径可降低 δ 值，但增加桩径，造价增高得更多。在 δ 值满足规范要求时，桩径能小尽量小。桩径取值范围宜为 $0.3 \sim 0.8$ m。

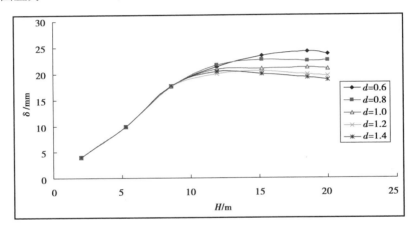

图5.26　改变桩径 δ 随 H 的变化图

表5.34　20 m深 $d/d_{0.6}$ 的 δ 的比值表

桩径 d/m	0.6	0.8	1.0	1.2	1.4
回弹值/mm	61.8	60.5	58.9	58.6	56.8
比值	1.0	0.979	0.953	0.948	0.919

（4）改变桩长

取基坑边长 $B=9$ m，桩径 $d=0.6$ m，桩埋深 20 m，改变桩长，找基底 δ 随开挖深度 H 的变化规律。

由图5.27可知，桩长越长基底 δ 值越小，但也不是桩越长越好，当桩长 $L=25$ m时，即基底以下深度是开挖深度的1.25倍，再增加桩长减小 δ 值已不明显。取 $L=25$ m最经济。

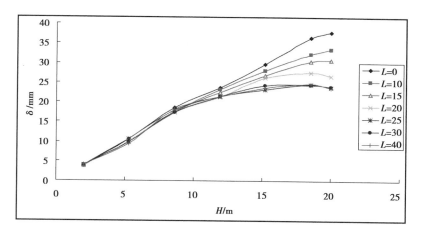

图 5.27　改变桩长 δ 随 H 的变化图

5.4　本章小结

①本章通过对基坑周围环境,即基坑周围土体参数(土体重度 γ、黏聚力 c 和摩擦角 φ)、地下连续墙嵌固深度 D,基坑外有无外荷载 q 及 q 距基坑边距离 S 等的详细数值模拟,借助软件 Origin9.5,进行数理统计回归修正后得出

$$\delta = -88.2 + 0.1\gamma H' + 12.5\left(\frac{D}{H}\right)^{-0.5} + 87.6c^{-0.04}(\tan\varphi)^{-0.54}$$

建议:a. 外荷载 q 尽量堆在距基坑边沿的距离是基坑开挖深度的 1.25 倍以外,堆载基坑边上对基底向上变形敏感,需作相应的地基加固处理;b. 支护结构的嵌固深度 D 应当略大于 1.5 倍基坑开挖深度 H,这样制约基底向上变形效果良好;c. 对 $\varphi=0$ 的软土,务必进行抗隆起稳定性验算;d. 利用式(5.1)计算的 δ 通常小于 100 mm,若计算出的 δ 值太大,需作地基处理,或设工程桩。

②空间效应对基底向上变形 δ 规律的影响:

a. 基坑的开挖长度一定,宽度越大,其 δ 也越大。

b. 当基坑开挖宽度是长度的大约一半时,其 δ 值是宽度等于长度时的 0.935～0.981 倍,开挖越深比值越接近,这样可以大幅度地简化建模空间,提高运算速度。

c. 对同一基坑,同一开挖面,首先是中心点 O 的 δ 值最大,随开挖深度的增加 δ 值增加明显;其次是长边中点 A 值大,再次是宽边中点 B 点值大,A、B 点也随开挖深度的增加而增大,角点 C 的回弹值随开挖深度的增加由向上变形转为沉降,由于此处土体的变形受到支护结构的约束,变形值很小,因此,控制中心处 δ 值是要点。

d. 通过对方形基坑和长条形基坑在长宽比不变,面积增加 1 倍的工况下,进行数值分析,所得基底 δ 值的比较,得知其 δ 值并不完全是卸荷面积上各点 δ 增加 41.4%,而且面积越大,增加的 δ 越小。

e. 在开挖面积相等的工况下,长条形开挖方式的 δ 比正方形的开挖方式要小。

f. 在开挖宽度 b 相同的工况下,基坑底部各点的 δ 均随着基坑长度 L 的增加而增加,但增加的幅度越来越小。

g. 通过对基坑空间效应的数值模拟可知式(5.2)太理想化,应用于工程实际具有很大的局限性,有待进一步修缮,需对具体问题具体研究。

③有无工程桩对基底向上变形 δ 规律的影响:

a. 对网格密度为 1.0 m×1.0 m 和 1.5 m×1.5 m 两种情况,把桩设在节点上和设在网格中对 δ 值的影响不大。但是,在基底有桩与无桩对 δ 值影响很明显。

b. 开挖深度为 D,则工程桩对基底以上 0.25D 至基底以下 1.25D 范围的土体均有加固作用,能有效地限制土体向上变形;从通过桩中心线上取 δ 数据形成的 δ 曲线呈波纹形,这是因为桩对周围的土体的回弹有拉拽作用,有桩的地方处于波谷。

④在 20 m 深基底设工程桩,来限制基底的土体向上变形:

a. 桩长不宜太短,否则不能有效地限制向上变形,但也不宜太长,太长发挥不了应有的作用,浪费材料,建议桩长设 25m 合适。

b. 桩距越大对土体向上变形的限制越弱,取桩距 $3 \leqslant d \leqslant 6$,$d$ 为桩径。

c. 桩径越大对土体向上变形的限制越强,但布桩越密更能制约向上变形,两者取小直径桩加密布置效果更好。

第6章 某深基坑的优化设计及实测的研究

本书通过数值模拟为设计安全经济合理的基坑提供了很有参考价值的经验,本章以太原市某深基坑工程为实例,进行优化设计:①可以通过 FLAC3D4.0 软件建立基坑模型,并依据地质勘查报告获取基坑参数,快速计算基坑的抗隆起稳定系数 F_s,也可以用公式法计算 F_s,两者计算出的结果取小值,若 $F_s \geqslant 1.5$,则地基不用加固,否则需采取相应的加固措施处理地基。②依据地质勘察在不同深度所取得的土样做压缩回弹试验,获得 20 m 深处的回弹值。③依据"抽条开挖,及时支撑,先撑后挖,分层开挖"的原则进行基坑开挖。④运用所拟合式(5.1),依据勘察报告提供的参数计算基坑开挖引起的基底向上最大变形量 δ 值。⑤在基坑宽度方向分 3 条开挖,在每条的中心点设一个向上变形监测点,开挖至 20 m,测出实际向上变形值。⑥比较公式法、实验法和实测法所得的 δ,分析原因,得出合理结论。

6.1 工程概况

本节简要介绍了太原市某深基坑工程的概况,研究的内容主要是基坑向上变形监测方法、监测点的布设及监测数据并对此进行了整理分析。综上所述可以总结为以下 3 点:

①施工前进行的方案设计及方案的比选是工程的重要部分,在施工前应有充分的设计依据。

②对基坑的稳定性,施工顺序、基坑的支撑形式显得很重要,在施工过程中要有合理的安排。

③为了更好地保护基坑的稳定性,合理的施工管理显得尤为重要,并且在施工的过程中不断地反馈信息。

6.1.1 基坑工程概况

该工程拟建场地位于太原市南中环街,小区规划的高层建筑物有两栋 18 层商住楼和 1 栋 32 层商住楼。本章监测的是 32 层的商住楼,该楼地上 32 层地下 4 层,其平面尺寸为 75.8 m×54.6 m,±0.00 线标高为 782.40 m,室外地坪标高为 780.50 m,基底标高为 760.50 m,基坑深度为 20.00 m。

6.1.2 工程场地地质概况

该工程场地地形平坦,由汾河河流冲积作用和洪积作用形成的地层分布,按沉积物由细到粗的沉积规律分布,地层分布在勘察深度范围内较稳定,勘察结果见表 6.1。

表 6.1　各岩土层物理力学指标一览表

层号 岩性	时代成因 (al+pl)	平均层厚 /m	层底埋深 /m	层底高程 /m	密度 ρ /(kg·m^{-3})	三轴 UU	
						c/kPa	φ/(°)
①粉土	Q42	7.8	7.8	773.15	1 600	5	10
②粉土	Q41	7.15	15.95	766.00	1 600	10	15
③中砂	Q41	20.25	35.20	746.75	1 800	0	30
④粉土	Q3	14.80	50.00	731.95	1 600	10	15
⑤中砂	Q3	1.70	51.7	730.25	—	0	35
⑥圆砾	Q3	2.30	54.00	727.95	—	0	40

续表

层号 岩性	时代成因 （al+pl）	平均层厚 /m	层底埋深 /m	层底高程 /m	密度 ρ /(kg·m⁻³)	三轴 UU	
						c/kPa	φ/（°）
⑦粉粘	Q3	5.0	59.00	722.95	—	—	—
⑧中砂	Q3	未揭穿	—	—	—	—	—

　　勘查是在枯水期进行的,场地地下水位平均值为 3.4 m,若在丰水期,以当地经验,水位上升约 0.8 m。

　　土方开挖严格按照分层开挖,每层挖土深度不得大于 2 m,严禁超挖,基坑开挖至−10.0 m 以下采用逆作法进行施工,待上部楼板做好后方可开挖楼板以下土层。工地逆作法施工现场详如图 6.1—图 6.4 所示。桩和上面的格构柱连在一起,格构柱间距 10 m,起到支撑水平构件的框架作用,桩直径是 600 mm,其间距远大于 6d,对基底向上变形的约束甚微,不予考虑。

图 6.1　出土通道

图 6.2　分布开挖

图 6.3　地下连续墙支护结构

图 6.4　格构柱竖向支撑

6.1.3 基坑支护设计简介

该基坑工程属深大基坑,基坑安全等级为一级。依场地岩土工程、地下水水位、基坑周边环境以及安全等级,综合考虑安全、可靠、技术经济和施工工期等方面的因素,该工程基坑支护结构采用钢筋混凝土地下连续墙兼作止水帷幕。基坑开挖还需考虑降水和回灌的问题。

墙体连接采用工字形型钢接头法,接头板采用 700 mm×350 mm×10 mm×10 mm 的工字钢,这种新的接头形式是由钢板拼接的工字形型钢作为施工接头,其先行槽段水平钢筋与型钢翼缘钢板焊接,而其后续槽段又可使接头钢筋深入接头的拼接钢板区。该接头接缝处平整密实不存在无筋区,使得整个墙体具有良好的性能。另一个止水性能便是在先后浇筑的混凝土之间用钢板隔开,加长地下水渗透的绕流路径。使用工字形型钢接头使施工避免了常规槽段接头锁口管或接头箱拔除的过程,这不仅降低了施工的难度,还提高了施工效率。渗漏是经常遇见的问题,为了解决这一问题,用两个双管高压旋喷桩在防渗墙每段搭接处进行防渗加固以达到防止墙段搭接处的渗漏的目的,如图 6.5—图 6.8 所示。

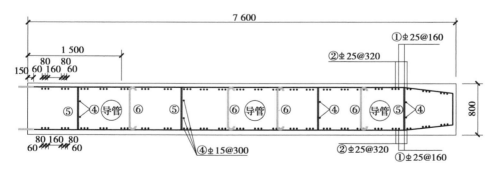

2—2剖面首开槽段B—B配筋图 1:25

图 6.5 连续墙后续槽段

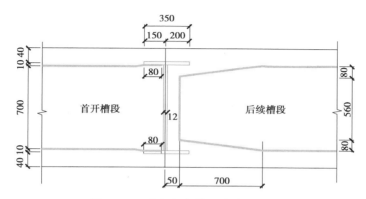

图 6.6　工字钢与钢筋连接接头大样

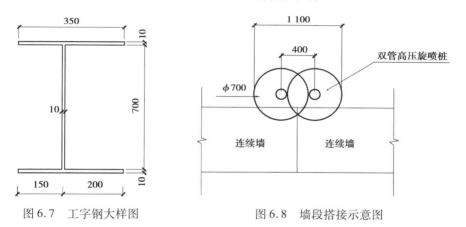

图 6.7　工字钢大样图　　　　　　　　图 6.8　墙段搭接示意图

本设计采用的参数见表 6.2—表 6.4。

表 6.2　地下连续墙设计采用的参数一览表

规范与规程	《建筑基坑支护技术规程》(JGJ 120—2012)
基坑等级	一级
基坑侧壁重要性系数 γ_0	1.10
基坑深度 H/m	20.000
嵌固深度 D/m	20.000
墙顶标高/m	-0.500
连续墙类型	钢筋混凝土墙

续表

墙厚/m	1.000
混凝土强度等级	C35
冠梁宽度/m	1.000
冠梁高度/m	0.400
水平侧向刚度/$(MN \cdot m^{-1})$	50.000

表 6.3　设计及支撑信息一览表

支锚道号	支锚类型	水平间距/m	竖向间距/m
1	内撑	2.000	6.000
2	内撑	2.000	3.400
3	内撑	2.000	3.400
4	内撑	2.000	3.400

表 6.4　开挖工况信息一览表

工况号	工况类型	深度/m	支锚道号
1	开挖	2.00	—
2	加撑	1.00	1. 内撑
3	开挖	8.00	—
4	加撑	7.00	2. 内撑
5	开挖	13.00	—
6	加撑	12.80	3. 内撑
7	开挖	17.00	—
8	加撑	16.20	4. 内撑
9	开挖	20.00	—

6.2 数值模拟

随着基坑向深大方向发展,常常伴随着基坑降水,尤其是地下水位埋藏较浅的地区。为了保证基坑工程顺利开挖,也为了确保基坑稳定,科学合理地引导降水已成为必需。基坑降水,在基坑周围一定范围内,会形成漏斗状的地下水位面。地下水位的下降,会造成地面及建筑物的不均匀沉降,对道路和建筑物造成极大破坏。为避免这些破坏,将漏斗状的地下水位面范围尽量缩小,采取在帷幕外设置回灌井的措施。回灌井的设置要处理好和降水井点的关系,要做到既能降低基坑内的地下水位,又能通过回灌稳定基坑附近地下水位的水平,而不会因为地下水位变化太大,导致附近建筑的沉降过大。本书在测基底向上变形前,先关掉回灌井,不考虑回灌的不利影响。

6.2.1 建模思路

由本书第五章基坑开挖向上变形规律的模拟结论"抽条开挖,及时支撑,先撑后挖,分层开挖"可设计模型的工况:基坑深 20 m,宽 54.6 m,沿宽度方向取 20 m,长度方向为 75.8m,可以按无限长考虑,即基坑为长条形。模型宽度取 180 m,高度取 60 m,长度方向取 2 m 为研究对象,连续墙厚度取 1 m。为研究问题的方便,以宽度中心线为对称面取其一半来建模。基坑开挖简图参照图 3.9,模型如图 6.9 所示,模型约束条件如图 6.10 所示,连续墙加支撑如图 6.11 所示,连续墙正面如图 6.12 所示,基坑开挖至 20 m 显示水平撑如图 6.13 所示,基坑开挖至 20 m 不显示水平撑如图 6.14 所示。

模型边界的约束情况如图 6.10 所示:红色代表 Z 向约束,蓝色代表 X 向约束,绿色代表 Y 向约束。因为基坑 3 倍深度以下基本无变形,所以在模型底面进行 x、y、z 3 个方向约束,而地面可自由变形,模型顶面无约束,侧面根据实际情况有变形、有约束。

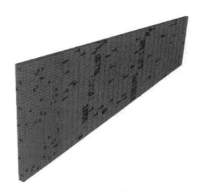

图 6.9　计算模型图

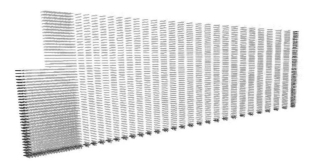

图 6.10　模型约束条件图

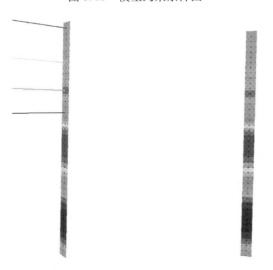

图 6.11　连续墙加支撑图　　　　图 6.12　连续墙正面图

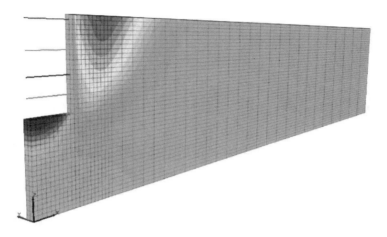

图 6.13　基坑开挖至 20 m 显示支撑图

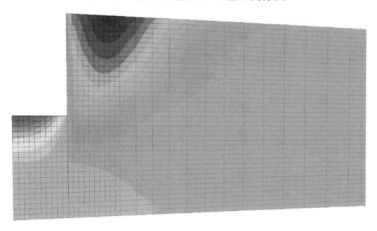

图 6.14　基坑开挖至 20 m 不显示支撑图

该模型基于 C-Y 本构模型,采用衬砌单元模拟地下连续墙,梁结构单元模拟水平支撑。

模型中的地下水:地下水位在自然地面处,地下水的孔隙率取 0.3,密度为 1 000 kg/m^3,体积模量为 $2.0×10^9$ Pa,抗拉强度为 $-1.0×10^{15}$ Pa;中粗砂、粉细砂、粉土、粉质黏土的渗透系数分别为 $5×10^{-10}$ m^2/Pa・sec(相当于 $5×10^{-4}$ cm/sec)、$1.0×10^{-10}$ m^2/Pa・sec(相当于 $1.0×10^{-4}$ cm/sec)、$1.0×10^{-11}$ m^2/Pa・sec(相当于 $1.0×10^{-5}$ cm/sec)、$1.0×10^{-12}$ m^2/Pa・sec(相当于 $1.0×10^{-6}$ cm/sec)。

建模步骤见本书4.3节内容所述,局部变动如下:

①把第三步改为依据表6.2—表6.5给几何模型赋予物理力学参数。

②给C-Y本构模型依据表6.6赋参数。

③用"solve fos"命令,记录每步的基底土体抗隆起稳定安全系数进行后处理后关掉。

④记录每步的基底土体向上变形最大值,进行后处理。

表6.5 地下连续墙参数一览表

参数类别	衬砌参数		支撑参数	
参数项目	厚度/m	1.00	截面积/m^2	1.0
	密度/(kg·m^{-3})	2 000	水平间距/m	2.0
	弹性模量/GPa	5.712	密度/(kg·m^{-3})	4 000
	泊松比	0.2	弹性模量/GPa	4.0
	惯性矩/m^4	0.167	惯性矩/m^4	0.083

表6.6 土体的C-Y模型采用参数

土层名称	(弱透水层)粉土	(透水层)中砂	(隔水层)粉质黏土
干密度 ρ/(kg·m^{-3})	1 600	1 800	1 600
体积模量/Pa	1×10^7	3.33×10^7	1.11×10^7
剪切模量/Pa	0.35×10^7	1.54×10^7	0.37×10^7
极限摩擦角 ϕ_f/(°)	22	32	25
极限膨胀角 Ψ_f/(°)	0	2	0
渗透系数(×1.02×10^{-6})	1.0×10^{-11}	5.0×10^{-10}	5.0×10^{-12}
地下水孔隙率	0.3	0.3	0.3
eur/Pa	20×10^6	90×10^6	24×10^6
eoed/Pa	4×10^6	30×10^6	4×10^6
泊松比	0.15	0.25	0.18
摩擦角/(°)	22	32	25

本书研究的基坑深度为 20 m,地下连续墙深度为 40 m,其底部嵌固进入弱透水层中即粉土层中,如图 6.15 和图 6.16 所示。

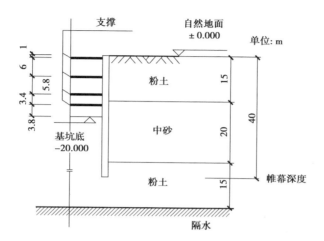

图 6.15 地下连续墙伸入弱透水层剖面图

图 6.16 模型土层分块图

由图 6.15 和图 6.16 可知,为了预防基坑底部发生隆起甚至管涌,坑内降水分两个部分:一是降低粉土层中的潜水位至连续墙底部;二是降低砂层含水层的水头。

降水井开启引起的基坑内外孔隙水压力的变化如图 6.17 所示,基坑内外渗流场的变化如图 6.18 所示。

从上述基坑内外孔隙水压力云图和渗流图分析对比可知,地下连续墙嵌入的地层为粉土层,兼做止水帷幕,它没有将基坑内外的水力联系彻底切断,渗流由基坑外向基坑内沿着帷幕底部进行,导致基坑外的土体在一定范围呈现非饱和状态,从云图可知,帷幕处深度最大。渗流对基底向上变形的影响如图 6.19 所示。

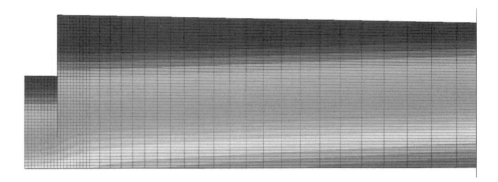

图 6.17　孔隙水压力云图

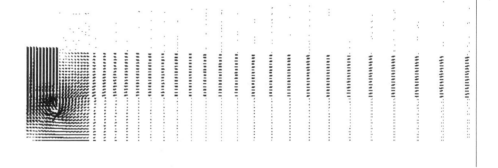

图 6.18　渗流途径

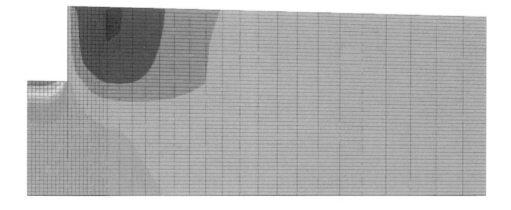

图 6.19　渗流引起基底向上变形图

由图 6.19 可知,基底向上变形呈凸形,帷幕底部土层的透水性越强、渗透系数越大,基坑内外水头差越大,基底向上变形量会越大。

6.2.2 稳定系数的计算

在坑内降水至 23 m 深处,即降水完成,然后参照表 6.1 和图 6.15,依据式(4.10)和式(4.11)及数值模拟,得到的稳定系数分别是 2.19、2.48 和 3.98,都大于 1.5,说明基坑满足抗隆起稳定,可不设工程桩。土方开挖严格按照"及时支撑、先撑后挖、分层开挖、严禁超挖"的实践经验,采取分区、分块、抽条开挖和分段安装支撑的施工方法。

6.2.3 改变参数

通过改变各个模型中地下连续墙的模量,改变基坑外的水位及改变连续墙的水平支撑的位置,获得相应数据进行分析对比,找出各个状况下基坑底部的向上变形的规律。该模型隔水帷幕未深入降水含水层中,基坑先降水至地表下 23 m 深,然后分步开挖,每道支撑分别设在开挖面以上 1.0 m,直至开挖至 20.0 m 深结束。参数改变具体情况见表 6.7。

表 6.7 模型计算的有关计算内容

改变连续墙的模量值	5.7 GPa、12.1 GPa、18.5 GPa、25 GPa	
改变基坑外的水位值	地表位置、地表以下 4.0 m、8.0 m、12.0 m	
改变连续墙的 4 根水平支撑的位置	位置一	从地表往下 2.0 m、8.0 m、13.0 m、17.0 m
	位置二	从地表往下 1.0 m、7.0 m、12.0 m、16.0 m
	位置三	从地表往下 3.0 m、10.0 m、13.0 m、17.0 m

(1)改变连续墙模量模拟结果分析

当地下水位处于地表,支撑情况取位置一时,改变连续墙模量。数值模拟求解获得每步开挖对应的基底 δ,详见表6.8和图6.20。对所得数据进行多方位分析对比,见表6.9和表6.10,以找寻一些规律。

表6.8　改变连续墙模量基坑每步开挖的 δ 值表(单位:cm)

开挖深度/m	$E=5.7$ GPa	$E=12.1$ GPa	$E=18.5$ GPa	$E=25$ GPa
3	0.383	0.36	0.355	0.35
9	1.23	1.14	1.125	1.09
14	3.83	3.69	3.59	3.49
18	7.2	6.59	6.22	5.96
20	14.03	11.59	10.85	10.37

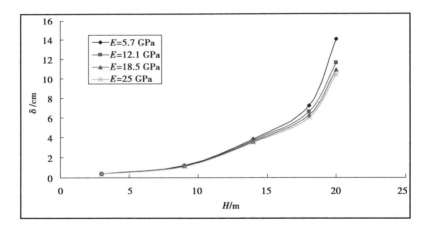

图6.20　改变连续墙模量基底 δ 随 H 的变化图

当基坑外水位在地表,基坑内水位降至基坑底面标高以下3 m后,支撑位置分别在地表往下−2 m、−8 m、−13 m、−17 m处,即支撑位置一时,由表6.8、表6.9、表6.10和图6.20分析得出以下3个结论:

①4条曲线变化趋势一致,开挖的深度越深,基底的回弹值增长的幅度越大,见表6.9。

表 6.9　基底回弹值随开挖深度变化的比值表

开挖深度/m	$Z_W = 0.0$ m　　　支撑位置一		
	$E = 5.7$ GPa	增加回弹值	比值
3	0.383 cm	—	1.00
9	1.23 cm	0.847 cm	2.21
14	3.83 cm	2.6 cm	6.79
18	7.2 cm	3.37 cm	18.80
20	14.03 cm	6.83 cm	36.63

②增加连续墙的模量,基底回弹值在减小,随开挖深度的增加减小的幅度也在增大,见表 6.10。

表 6.10　20 m 深连续墙各种模量回弹值比值表

开挖深度/m	$E = 5.7$ GPa	$E = 12.1$ GPa	$E = 18.5$ GPa	$E = 25$ GPa
20	14.03 cm	11.59 cm	10.85 cm	10.37 cm
比值	1.00	0.83	0.77	0.74

③增加开挖深度比增大连续墙模量对基底回弹影响大,用增大连续墙的模量来减小回弹值不经济,合理引导开挖意义更大。

由图 6.20 可知,在隔水帷幕深入降水含水层中的基坑降水中,改变地下连续墙的模量对基坑内部的回弹的变化都不大,可见,在这种情况下,在满足力学计算的情况下改变地下连续墙的模量对控制基坑内部的回弹变形意义不大。后续连续墙的模量取 $E = 5.7$ GPa。

(2)改变基坑外地下水位模拟结果分析

当连续墙的模量取 $E = 5.7$ GPa,支撑情况取位置一时,改变地下水位。数值模拟求解获得每步开挖对应的基底最大回弹值,见表 6.11 和图 6.21。对所得数据进行多方位分析对比,见表 6.12 和表 6.13,以找寻一些规律。

表 6.11　改变地下水位基坑每步开挖的 δ 值表（单位：cm）

开挖深度/m	$Z_W=-12.0$ m	$Z_W=-8.0$ m	$Z_W=-4.0$ m	$Z_W=0.0$ m
3	0.46	0.42	0.42	0.38
9	1.32	1.29	1.25	1.23
14	2.86	3.07	3.38	3.83
18	5.35	5.5	6.2	7.2
20	9.64	10.5	11.8	14.0

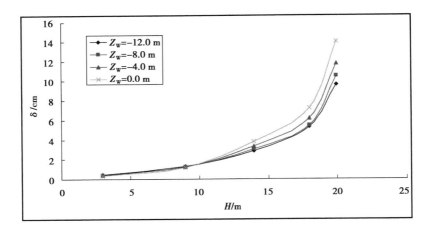

图 6.21　改变地下水位基底的 δ 随 H 的变化图

表 6.12　同一地下水位基底每步开挖增加的 δ 与第一步的 δ 的比值表

开挖深度/m	$Z_W=-12.0$ m	$Z_W=-8.0$ m	$Z_W=-4.0$ m	$Z_W=0.0$ m
3	1.00	1.00	1.00	1.00
9	1.87	2.07	1.98	2.21
14	3.35	2.74	5.07	6.79
18	5.41	5.79	6.71	18.80
20	9.33	11.9	13.33	36.63

表6.13 同一开挖深度降低地下水位与地表水位增加的δ的比值

开挖深度/m	$Z_W = -12.0$ m	$Z_W = -8.0$ m	$Z_W = -4.0$ m	$Z_W = 0.0$ m
3	1.21	1.11	1.11	1.00
9	1.01	1.02	0.98	1.00
14	0.59	0.68	0.82	1.00
18	0.74	0.72	0.84	1.00
20	0.63	0.74	0.82	1.00

连续墙的模量取$E = 5.7$ GPa,改变基坑外水位,分别在地表0.0 m、地下-4.0 m、地下-8.0 m、地下-12.0 m,基坑内水位降至基坑底面标高以下,支撑位置分别在从地表往下-2 m、-8 m、-13 m、-17 m处,即支撑位置一时,由表6.11—表6.13和图6.21分析得出以下3个结论:

①4条曲线变化趋势一致,在相同的基坑外水位条件下,开挖的深度越深,基底的δ值增长的幅度越大,见表6.12。当$Z_W = 0.0$ m时,20 m深δ值是3 m深的36.63倍,由此可知,开外深度的影响很大。

②在基坑内部开挖前的一次降水,或深开挖过程中进行分布降水,都会对坑底以下土体产生压密作用,这样就增大了坑内土体的超固结比OCR,同时增加了坑底土体抵抗向上变形的能力。

③由表6.13可知,20 m深的δ值坑外水位$Z_W = -12.0$ m是$Z_W = 0.0$ m的0.63倍。这是因为地下水绕过止水帷幕在基坑内产生从下向上的渗流,当渗流路径不变,水头差增大时,将会有较大的动水压力作用在渗流影响区的土体,这样将会引起回弹甚至隆起变形。也就是水力梯度越大,渗流引起的向上变形越大。

(3)改变支撑位置模拟结果分析

当连续墙的模量取$E = 5.7$ GPa,地下水位在地表时,改变支撑位置。数值模拟求解获得每步开挖对应的基底δ值,见表6.14和图6.22。对所得数据进行多方位分析对比,以找寻一些规律。

表6.14　改变支撑位置基坑每步开挖的δ值表

支撑位置一		支撑位置二		支撑位置三	
$Z_W = 0.0$ m　$E = 5.7$ GPa		$Z_W = 0.0$ m　$E = 5.7$ GPa		$Z_W = 0.0$ m　$E = 5.7$ GPa	
H/m	δ/cm	H/m	δ/cm	H/m	δ/cm
3	0.38	2	0.69	4	0.55
9	1.23	8	2.59	11	1.52
14	3.83	13	4.93	15	4.4
18	7.2	17	8.58	18	9.24
20	11.00	20	10.34	20	11.00

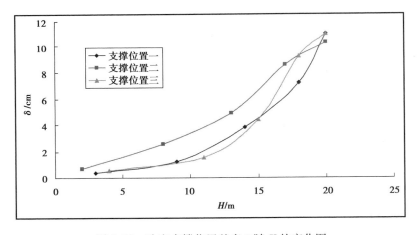

图6.22　改变支撑位置基底δ随H的变化图

当基坑外水位在地表,基坑内水位降至基坑底面标高以下后,连续墙的模量取 $E = 5.7$ GPa,支撑位置分别设在每步开挖深度以上1 m处,由表6.14和图6.22分析得出以下2个结论:

①改变支撑位置,4条曲线变化趋势基本一致,随开挖深度的增加,基底的δ增长的幅度更大,见表6.14。

②第四道撑离20 m深的基底越远基底δ越大,如支撑位置二最后一道撑离基底4 m,δ是12.34 cm,而另外两个支撑位置最后一道撑离基底3 m,δ是

11.00 cm,而且支撑位置一的每步开挖δ都较小,改变水位和改变连续墙模量取支撑位置一为研究对象。

6.2.4 数值模拟降水

如图 6.23 所示,所谓侧向固定水头就是保持模型右边界顶部水头不变,水头从此处向基坑边界流至止水帷幕底部流线呈漏斗状,其他边界不透水,进行一次降水和分步降水两种不同降水的渗流模拟。

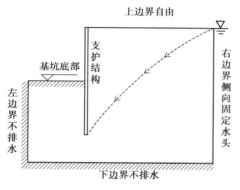

图 6.23 侧向固定水头示意图

连续墙的模量取 $E=5.7$ GPa,支撑位置分别在从地表往下−2 m、−8 m、−13 m、−17 m 处,即支撑位置一时,数值模拟一次降水和分步降水两种不同降水方式对基坑开挖基底向上变形的影响程度。获得每步开挖每种降水对应的基底δ值,见表 6.15 和图 6.24。对所得数据进行分析对比,见表 6.16,以找寻一些规律。

表 6.15 不同工况下基底δ表(单位:cm)

开挖工况	开挖 2.0 m	开挖 8.0 m	开挖 13.0 m	开挖 17.0 m	开挖 20.0 m
分步降水	1.39	1.65	3.50	4.68	5.69
一次降水	2.69	3.14	4.73	5.5	6.18

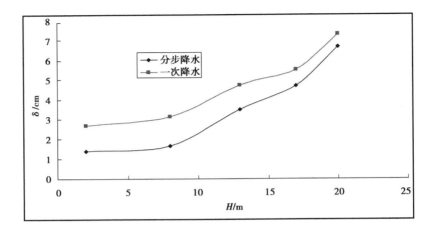

图 6.24　不同工况下基底 δ 随 H 变化图

表 6.16　不同工况下 δ 随 H 的比值表

开挖工况	开挖 2.0 m	开挖 8.0 m	开挖 13.0 m	开挖 17.0 m	开挖 20.0 m
分布降水	1.39 cm	1.65 cm	3.50 cm	4.68 cm	5.69 cm
一次降水	2.69 cm	3.14 cm	4.73 cm	5.5 cm	6.18 cm
比值	0.52	0.53	0.74	0.85	0.92

　　由图 6.24 中曲线可知,分布降水或一次降水基底 δ 值随 H 的变化规律是一致的。见表 6.16,不同降水方式每步开挖 δ 的比值可知,分步降水与一次降水比值为 0.52 ~ 0.92,随开挖深度的增加,比值由小变大。由图 6.24 可知,一次降水比分布降水 δ 随开挖深度 H 的增加变化缓慢,但开挖 20 m 深,依然是分布降水 δ 值小。综上所述,该工程对于降低基底 δ 来说,建议在工程上采用分布降水方式。

6.3 最大向上变形值的监测

6.3.1 监测目的与意义

基坑工程进行大面积土体开挖,基底就会发生回弹甚至隆起破坏,基坑越深基底向上变形越大,致使地基不稳或基坑周围土体下沉,对主体建筑和周围建筑物造成不同程度的影响。测定最大向上变形量 δ 的大小和分布情况,对加强基坑的稳定性和设计时选取地基基础模型具有非常重要的意义。依文献[101]表2.2知对于板式支护体系的一级基坑需做坑底隆起(回弹)监测。要求监测工作从支护桩施工前开始持续至基坑回填至自然地面全过程。基坑 δ 监测,成为基坑工程勘察中的一项重要工作。

6.3.2 基坑监测向上变形的基本方法

(1)基坑回弹点标志形式及测点布设

基坑开挖,坑壁或支护结构对土体回弹有一定的制约力,离坑壁越近,δ 越小,而且角部的 δ 最小,中央处最大。在布置和埋设回弹标志时,尽量减少对原土的扰动。一般,通过钻探成孔方式埋设回弹标志,钻孔的直径能小尽量小,最大不超过127 mm。在基坑开挖前,埋设好回弹标志后,及时测量其高程,并作为基底的初始高程。要求向上变形标志埋设稳定、牢固,便于观测。埋设好的标志如图6.25所示,选用辅助杆法,图中挂钩做成圆帽顶。

依基坑向上变形监测资料分析 δ 变化,可总结为以下两个特点:

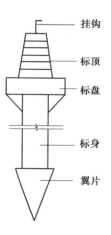

图6.25 回弹标志

①若从其向上变形变化的状态来看,整个基坑底面的表面会出现向上由中间向周围逐渐均匀微降的鼓起状态。

②若是在工程地质条件单一的情况下又会是另一种情况,基坑底面中央是其向上变形峰值,且纵横中心轴线向上变形变化曲线一般为对称的抛物线状。

由以上特点可知,基坑的形状及开挖规模是向上变形标志布设的重要依据。一般在工程中沿基坑纵横中心轴线对称布置,并在基坑外一定范围内(基坑深度的 1.52 倍)布设部分测点(点距一般为 10 ~ 15 m,也可根据需要而定)会有效地减少工作量、控制地基土的 δ 和变化规律。

(2)基坑向上变形监测的方法

基坑向上变形监测通常采用几何水准测量法。基坑向上变形监测的基本过程是,在待开挖的基坑中预先埋设向上变形监测标志,在基坑开挖前、后分别进行水准测量,测出布设在基坑底面各测标的高差变化,从而得出向上变形标志的变形量。基坑开挖前的向上变形监测方法选用挂钩法,挂钩法比较实用有效,为常用的方法。挂钩法的工作步骤如下:

首先在地面上用钻机成孔,把向上变形测标埋设到基坑底面设计标高处,在标志上吊挂钢尺引出地面;然后通过在地面实施水准测量,把高程引测到每个向上变形标志上,并依此所得高程作为初始值。而基坑开挖后各测点的高程,则在基坑内按一般水准测量方法进行,所得的高程与初始高程比较,其差值即为向上变形变化量。基坑开挖前观测工作方式如图 6.26 所示。

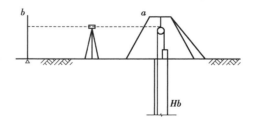

图 6.26　挂钩法测基坑 δ

6.4　基坑向上变形监测的施测

6.4.1　施测的准备工作

首先应进行实施场地的现场踏勘,了解场地的实际现状,必要时须作适当平整、基坑开挖的范围和场地周围建筑物、堆载及地下管线的分布情况,并在现状地形图(比例尺 1∶200 或 1∶500)上予以标注;其次,根据基坑形状和规模以及工程勘察报告和设计要求,确定向上变形监测点数量和位置以及埋设深度,然后选择高程基准点和工作基点的位置,一般根据基坑形状和规模至少应设置 4 个以上工作基点,以便于独立引测(减少测站数)向上变形监测点的高程。

6.4.2　基坑向上变形监测设备

基坑回弹监测配备的主要仪具有全站仪一台,精密水准仪一台,2 m 或 3 m 水准尺一对,重锤或拉力计一个(与钢尺检定时一致),吊挂尺用滑轮一个,卡具一副,2～3 m 高的三脚架一副,经检定过的 15～30 m 专用钢尺一盘,温度计(1 ℃ 刻划)一支,标杆(或标钎)若干,向上变形测标若干以及基本水准标志若干(设置基准工作点用)和 2 mm 粗尼龙绳若干米(供引挂钢尺用)等,如图 6.27和图 6.28 所示。

图 6.27　GPS 定位系统图　　　　　　图 6.28　全站仪

6.4.3　向上变形监测点的埋设与观测

回弹检测点的埋设一般是在基坑开挖前逐点进行的,埋设之前需要把测点位置在标有建筑物位置的平面图上标示出来,并根据平面图上各个测点的位置在现场进行定位放样,同时测量出每个测点的相对坐标和地面标高,这样在开挖后以及后期计算各回弹标志的埋设深度的时候方便寻找测点的位置。

向上变形标志的埋设必须在开挖前就完成,并同时测定出各标志点顶的标高。在埋设向上变形标志之前需要打孔,打孔需要采用 SH-30 型或 DPP-100 型工程钻机按标定点位成孔,成孔时要求孔位控制在 10 cm 以内,孔径要小于 ϕ127 mm,钻孔垂直,孔底与孔口中心的偏差不超过 5 cm。采用套管进行打孔,套管直径要与孔径相应,孔的深度应该控制在基坑底设计标高以下 20 cm 左右处。打完孔,清理孔底使其无残土,用向上变形标志替换钻头,用重锤把向上变形标志打入孔底,为了防止基坑开挖时标志被破坏,向上变形标志顶部应低于基坑底面标高 20 cm 左右,并且确保标志圆盘与孔底充分接触。卸下钻杆并提出来,即可进行该测点的第一次向上变形标志点的标高引测。

向上变形观测时需要用到的仪器有钢尺、三脚架、尼龙绳等。首先需要把钢尺下到孔底,将钢尺前端铁环用尼龙绳引导使其挂在向上变形标志挂钩上;然后把钢尺绕放在三脚架的滑轮上,并在悬端卡以重锤(图 6.27),调整好钢尺的位置并使其保持垂直状态;最后用精密二等水准测量的方法进行标高测量,同时测记孔内温度,而为了保证结果的精确程度需要重复 3 次,并以 3 次数据的平均数据作为最后的结果。测量完一组数据后便可拔出套管,拔管时,先提拔 10 ~ 15 cm,而后逐步在孔内填入 50 ~ 100 cm 高的白灰,最后便可把套管全部提拔上来,这样便完成一个测点的标高引测,剩下的标高引测用同样的步骤完成。

为了使向上变形标志不受损坏,开挖的时候应该分为机械开挖和人工开挖两个阶段。为了控制开挖深度,开始时采用机械开挖,在距离坑底设计标高有

10 cm 时再采用人工开挖直至到达坑底设计标高。人工开挖到坑底设计标高时应根据预先填入的白灰或预先测出的相对坐标找到各测标并保证其不受损坏,然后在基坑底的拐角处设置临时工作基点 1~2 个。

在进行基坑底面各测点的高程测量的时候,与基坑开挖前的仪器设备一样,并以同样的作业方式把高程传递到基坑底面设置的临时工作基点上,并按二等几何水准测量的方法算出各个测点。

基坑开挖后的回弹观测至少 3 次,即第一次在基坑开挖之前刚找到标志时;第二次在基坑开挖后与浇筑基础混凝土之间;第三次在浇筑基础混凝土之前。同时在向上变形观测最后一次之后应该有对应的实际开挖平面图和向上变形标志的具体位置。

6.4.4　基底 δ 值监测

土方开挖严格按照"及时支撑、先撑后挖、分层开挖、严禁超挖"的实践经验,采取分区、分块、抽条开挖和分段安装支撑的施工方法。测基底最大向上变形值 δ 监测点的布设情况如图 6.29 所示。

图 6.29 中的 G 表示观测孔,基坑内 G11—G14 为降水井兼做观测井。孔隙水压力计埋设在 G7、G9、G10 旁边,基坑共布设 3 个孔隙水压力的测试孔。图中,S 表示墙体水平位移监测点,S 点先在基坑各边中点和角点布设,再按水平间距不大于 20 m 布设;C 表示沉降观测点,在基坑开挖全过程要对周边地面及建筑物进行变形监测,按基坑边由近到远等差数列布置;X 表示向上变形监测点,因基坑沿宽度方向分条开挖,故 3 个 X 监测点在 3 个条状基坑中心点布设,具体位置如图 6.29 所示。

在此次实测中,设置了 3 个向上变形标志进行监测,采用《建筑变形测量规范》(JGJ8—2016)中规定的施工步骤和方法进行测点的安设与测量。安装完测点并经过一个月的稳定时间后,于 2012 年 2 月 6 日基坑开始开挖,至 2012 年 8 月 5 日,实测阶段历时 6 个月,在这 6 个月的过程中,需要结合土方施工进度,对

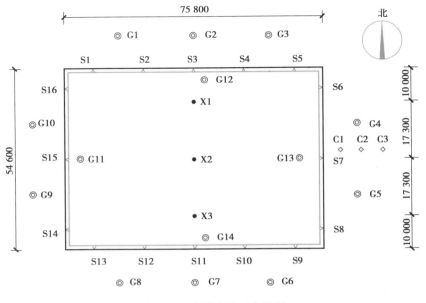

图 6.29　监测点平面布置图

向上变形进行及时观察。《建筑变形测量规范》(JGJ 8—2016)中向上变形观测方法不能进行过程监测,向上变形标志送入土体后的实际高程需要根据测量钻杆送入的长度来决定,并作为确定向上变形的初始依据。至 2012 年 8 月,在基坑开挖接近最后阶段需要使用高精度水准仪 LEICA WILD N3 对先前打入基底处的向上变形标志进行观测,结合全站仪进行高程校正。向上变形标志埋设深度为基底处,如图 6.30 所示。

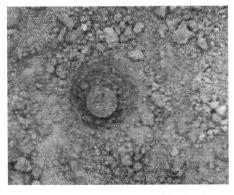

图 6.30　基底处的回弹标志

基坑开挖后的向上变形观测的具体步骤如下：

①需要在基坑坑底内的一角设置一个临时工作点，使用与基坑开挖前相同的观测设备和方法，将高程传递到坑底的临时工作点上。

②细心挖出各向上变形观测点，按所需观测精度，用几何水准测量法测出各观测点标高。

6.4.5　监测成果分析

监测成果见表 6.17。

表 6.17　各向上变形标志 δ 值（单位：cm）

回弹点编号	A	B	C
δ/cm	4.782	4.911	4.813

A、B、C 三点的最终 δ 较为接近，该实测数据可靠。

6.5　加卸荷试验

本节研究土体向上变形的规律只包括受土体卸荷引起的回弹部分，不包括隆起变形部分。在加卸荷试验中没法考虑基坑开挖引起基坑内外土体的压力差，本节把本书研究的向上变形规律缩小为回弹规律。本节取开挖某一深基坑工程不同深度的土体为研究对象，进行了大量室内压缩回弹试验，得到了土体的压缩回弹变形规律，为该地区基坑工程的开挖提供了参考资料。

6.5.1　研究现状

对土的压缩回弹试验，国内一些学者作了相应研究，李辉利用原状天然的粉土、黏土、粉质黏土和中砂等土样分别进行分级荷载压缩实验，得出：①由压力减小量、土的类别和固结压力来决定土体回弹稳定所需要的时间;②若土体的固结压力越大,塑性指数越小及卸荷压力越小,则稳定所需时间越短;反之,越长;③土体回弹稳定所需的时间越短,回弹量就越大。苏杰选用浙江申嘉湖高速公路原状淤泥质软黏土进行常规三轴排水压缩试验得出:若土体是在偏应力作用下卸载,则卸载引起的变形受围压的影响较大:①当围压较小,且偏应力与围压比值较大时,土体就不会出现弹性体积回弹,也就是说,偏应力卸载量较大时,围压的影响不足以改变土体变形的趋势,土体卸载将不会出现体积回弹变形;②当围压较大时,偏应力的卸载将会导致明显的体积回弹。不管是哪种应力路径的卸载,对土体的卸载再加载引起的变形大致都具有以下 4 个特点:①不一样的土体卸载变形差别大。在 p-s 曲线中,卸载再加载的应力轨迹形成滞回环,黏性土比无黏性土的回滞环要宽;②先期固结压力是影响变形特性的重要因素;③超固结比对黏性土的变形有影响;④若为原状黏性土,则在卸载再加载的过程中,回滞环将变得越来越宽,越来越扁平。黏性土在偏应力作用下卸载还具有以下两个特点:①黏性土的偏应力卸载将引起不可恢复的剪应变;②土体偏应力卸载受卸载轴向应变、围压大小,以及大小主应力比等因素的影响,出现体缩现象。张淑朝等对天津市区的土样,在卸荷作用下的变形特性做了室内固结回弹试验,研究得出:①土体卸荷不一定就引起回弹变形,这里存在一个临界卸荷比,当卸荷比大于临界卸荷比时,才发生回弹变形;②在分析了回弹率和卸荷比,以及回弹模量和卸荷比的关系后,确定土样卸荷产生回弹的临界卸荷比 $R=0.2$,以及产生强回弹的卸荷比 $R=0.9$。可以估算卸荷最大影响区以及强回弹区的深度范围,对基坑等卸荷类工程的设计和施工具有一定的指导作用。

6.5.2　压缩回弹试验

（1）原状土取样

本试验所用原状土样取自太原市某深基坑工程,分别在 4.00 m、8.00 m、

13.00 m、20.00 m 4 个不同深度取样。取样时，基坑已降水至 23 m 深。由熟练操作工先用人工铲刀在基坑侧壁切土，把切去的土样随即用塑料胶带仔细密封起来，并对土样一一编号，每层土取土样 6 组。在整个取样过程中尽量做到仔细、严谨、缓慢、匀速，减少对原状土的扰动。

（2）试验步骤

1）制备试样

整个制备过程根据《土工试验方法标准》（GB/T 50123—2019）文献中的规定进行：打开圆形取土器的密封胶带，取出土样，用削土器将土样削制成高度为 80 mm，直径为 39.1 mm 的圆柱形试样。

2）安装试样

首先，将装有试样的试样筒放在强度仪的升降台上；其次，把千分表支杆拧在试样筒的两侧；再次，将承压板放在试样的中心位置，并与强度仪的贯入杆对准；然后，将千分表和表夹安装在支杆上；最后，把千分表测头安放在承压板两侧的支架上，如图 6.31 所示。

图 6.31　R0783 控制应变三轴仪

3）试样加载

本次试验采用单样分级加卸荷试验的方法，压力等级为 12.5 kPa、25 kPa、

50 kPa、100 kPa、150 kPa、200 kPa、400 kPa、800 kPa。第一次加载压力到150 kPa,以后每次加载的压力增加一级,共加载 4 次,最后一次增加两级加载到 800 kPa。每次加载都按压力等级逐一加载,不可跳跃,每级加载完记录数据,便摇动摇把,并用预定的最大压力预压。预定的最大压力分为 4 ~ 6 级,把每级压力折算成测力计百分表的读数,逐级加压。当所选试样比较硬,而且预定压力偏小时,可以直接增加加压级数不受预定压力的限制,加至需要的压力为止。等待 1 min,记录千分表读数,同时卸压,卸载 1 min 后,记录千分表读数,再施加下一级压力。就这样逐级反复加卸压至最后一级压力。为了使曲线的开始部分更准确,第一级压力可分成两个小级进行加、卸压,试验中的最大压力也可略大于预定的最大压力。

试验结束,按相关规定拆除试样,整理仪器。

6.5.3　整理分析试验数据

共 24 组试验土样,压缩-回弹-再压缩的试验结果规律基本一致,也就是说,在土样卸荷的初始阶段,回弹量很小,随着卸荷量的增大,回弹量在增大,等到完全卸荷后,回弹量达到最大值。但是,再压缩阶段施加的压力越大卸掉同样的荷载,回弹量就越小,即先期固结压力越大,卸同样的荷载回弹量就会越小。准确在 S-P 曲线上找到卸载 20 m 深的土体的回弹量,务必准确求得先期固结压力。该工程采用单样多级加卸荷三轴试验,实际 20 m 深土样上覆土压力由15 m 深粉土和 5 m 深中砂组成,查表 6.1,可得卸掉 330 kPa 荷载。由图 6.32可知,图中 a-b 表示沉积原状土固结;b-b' 表示取样,回弹扰动;b'-c 表示室内测限压缩实验。如图 6.33 所示为反复加卸荷实验曲线。原状土的原位压缩曲线客观存在,实验室中无法直接得到,如何求原状土的原位压缩曲线呢? 采用先期固结压力反映应力历史。先期固结压力的确定,采用 Casagrande 法:①e-lg P 压缩试验曲线上,找出曲率最大点 m;②作水平线 m_1;③作 m 点切线 m_2;④作 m_1、m_2 的角分线 m_3;⑤m_3 与试验曲线的直线段交于点 B;⑥B 点对应于先

期固结压力 σ_P，如图 6.34 所示。

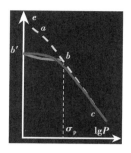

图 6.32　回弹再压缩 e-lg P 曲线

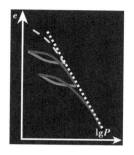

图 6.33　反复加卸荷 e-lg P 曲线

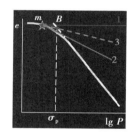

图 6.34　先期固结压力确定图

e-lg P 曲线的特点如下：

①压力较大部分，曲线为直线，斜率为常数。

②再压缩曲线斜率也可视为常数。

③可以反映应力历史的影响。

由表 6.18 和图 6.35 可知，该工程的先期固结压力约为 400 kPa，又由表 6.19 和图 6.36 可知，卸载 330 kPa 时，回弹值为 17.8 mm。

表 6.18　反复加卸荷孔隙比 e 表

加卸荷压力 P/kPa	第一次		第二次		第三次		第四次	
	加	卸	加	卸	加	卸	加	卸
12.5	0.701	—	—	0.691	0.691	—	—	—
25	0.699	—	—	0.688	0.690	—	—	—
50	0.698	0.694	0.694	0.684	0.688	0.664	0.664	—

续表

加卸荷压力 P/kPa	第一次		第二次		第三次		第四次	
	加	卸	加	卸	加	卸	加	卸
100	0.694	0.692	0.687	0.682	0.685	0.660	0.662	0.621
150	0.688	0.688	0.683	0.680	0.680	0.656	0.660	0.614
200	—	—	0.679	0.679	0.678	0.655	0.657	0.610
400	—	—	—	—	0.652	0.652	0.649	0.608
800	—	—	—	—	—	—	0.599	0.599

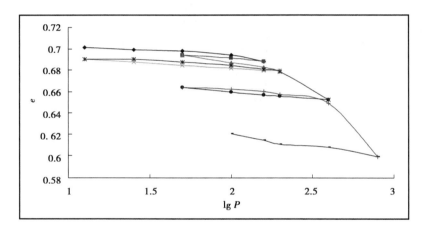

图 6.35　20 m 深处反复加卸荷 e-lg P 曲线图

表 6.19　反复加卸荷 δ 值表（单位：mm）

加卸荷压力 P/kPa	第一次		第二次		第三次	
	加	卸	加	卸	加	卸
0	0	10.2	10.2	14.4	14.4	33.9
12.5	5.7	13.8	12.5	18.1	15.6	38.6
25	8.1	16.9	13.9	21.4	18.4	40.2
50	9.3	18.3	16.5	25.4	21.1	41.5
100	13.5	19.2	22.2	28.3	25.1	47.5

续表

加卸荷压力	第一次		第二次		第三次	
P/kPa	加	卸	加	卸	加	卸
150	21	21	27.2	31	29.9	53.0
200	—	—	31.3	31.3	32.6	57.3
400	—	—	—	—	62.9	62.9

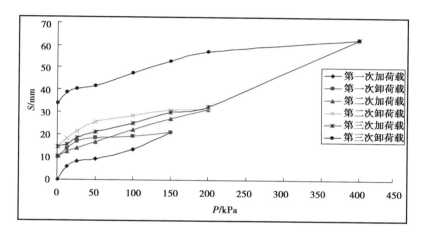

图 6.36　20 m 深处回弹再压缩 S-P 曲线图

本次试验中得到的所有 S-P 曲线(S 为土体的竖向变形值,即沉降值或回弹值;P 为加荷或卸荷量)具有的共同特征:在 S-P 曲线中,所有的回弹曲线几乎平行;在卸荷初期,回弹量较小,随着加荷量的增大,卸荷量也增大,此时回弹变形越来越明显。但每条回弹曲线与其对应的再加荷曲线并不重合,形成一个个滞回圈,而且在加荷值达到前次卸荷值时不会经过先前的点,而是变形比先前卸荷对应的大,这个值就是沉降值,也说明土体具有塑性变形。

6.6　影响设计参数取值的因素分析

用 FLAC3D4.0 版模拟基坑开挖、降水与支护结构及地面变形之间相互作用的计算中,岩土体力学参数的选取对模拟结果的影响是很大的。本次模型模拟的结果与实际工程监测成果拟合率较高,主要是对土工实验数据在当地成熟经验的基础上进行了修正而选用的。实际上,岩土体的力学性质、渗透系数等指标的准确程度与样品采集、试验方法、指标的统计及回归修正方法有很大的关系。

勘察报告中常规物理力学指标一般采用野外取Ⅰ级原状土样在室内进行测试,并对土工试验数据进行数理统计选用的平均值。但是,在实际操作过程中,取样质量及选用试验方法通常存在以下影响土体物理力学性质指标准确性的问题:

①取样方法的限制,以及土样在运输、开样、试验过程中的各种扰动因素,均会影响土样的质量及实验结果。

②土体具有三向不均匀性即各向异性特征显著,即便是同一场地同一土层,其土力学性质也是有区别的。

③土样在天然状态和固结排水状态甚至是不同的固结排水状态都会影响土体的强度参数的大小。

④不同的试验方法及试验路径影响土体的力学性质指标。

在本章中对土体的渗透系数采用按现场抽水试验与室内渗透试验两种方法来对比土体渗透系数取值的差异性、对土体的力学性质分析降水前后的变化及高压固结多级卸荷回弹下力学性质的变化情况。

6.6.1 现场抽水试验与室内试验渗透系数取值的对比

(1)渗透试验测试现状

渗透系数是水文地质中一个重要的水力学参数,直接反映土体渗透性的强弱,是一个和土体的种类、颗粒级配、密实度及温度等因素紧密相关的参数。在渗透系数的研究方面目前主要有改进遗传法反分析渗透系数、松散介质体渗透系数的规律、河流潜流带渗透系数的变化、渗透系数的空间变异性等。国内研究了各向异性、各向同性的多孔介质的渗透系数的推导及其物理意义、影响因素等，研究了渗透系数与土体三相指标之间的函数关系，研究了饱和土的渗透系数和非饱和土的水土特征曲线，并推出了非饱和土渗透系数的确定方法等。

目前，测试渗透系数的室内试验方法有变水头渗透试验和常水头渗透试验两种，但在课题研究时常会用到一维垂直土柱积水入渗试验。野外也做大型室外水文测试，但由于费用高，测试周期长，且存在水井回填、泥浆及地下水排放等问题，较少使用。

在对变水头渗透试验、常水头渗透试验、一维垂直土柱积水入渗试验的结果进行对比分析认为 3 种试验的结果都是可靠的，不会超过 1 个数量级。《土工试验方法标准》(GB/T 50123—2019)等规范规定，测试饱和土的渗透系数时对粗颗粒土用常水头渗透试验方法，对细颗粒土用变水头渗透试验方法。

（2）现场抽水试验及室内渗透试验

为了更好地确定渗透系数的取值，本书对同一场地进行了现场水文地质测试和室内渗透试验，本节对两种渗透试验方法进行简单介绍。

现场抽水试验要求分层测定每个土层地下水的水文地质参数，采用一孔三观布置。为准确确定需要测求参数的地层，在抽水井旁钻孔一个，划分钻孔揭露的地层。在现场布置抽水试验孔 1 个，孔深 38 m；观测孔 3 个，孔深 36 m。测线按照垂直于水流方向布置，对基坑降水深度范围内含水层的水文地质参数进行确定，测定水的流速、流向、影响半径等。场地测求地层为 4 层，抽水井共分 4 次成孔，孔深至测求土层下 5 m。为准确测求土层水文参数，土层上下均采用海带对抽水井井壁封堵。抽水井与观测井的布置如图 6.37 所示。

抽水井最终孔深进入粉土夹粉细砂透镜体层中 3～5 m，进入地下连续墙底部嵌入地层，成孔工艺均采用正循环钻机施工。抽水试验采用扬程 30.0 m，出水量 20 t/h 的污水泵抽水。对每层测求土层抽水井进行 3 次降深，降深由大到小，以便于提供场地内抽水深度范围内含水层的水文地质参数。

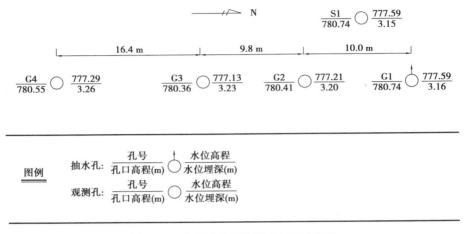

图 6.37　水文试验井孔平面布置示意图

表 6.20 为水文测试抽水孔及观测孔的测试参数,如图 6.38 所示为现场水文地质测试量测图。

表 6.20　抽水井及观测孔测试参数一览表

试验井性质	编号	井深/m	井径/mm	管径/mm	与抽水井的间距
抽水井	01	38	500	380	
观测井	02(G)	36	500	380	10.0
	03(G)	36	500	380	19.8
	04(G)	36	500	380	36.2

图 6.38　现场水文测试图

在抽水井中测得静水位埋深 3.3 m,高程 777.65 m。根据《山西省太原市地下水动态观测报告》,每年 12 月至次年 1 月为枯水期,7—9 月为丰水期,水位年变幅 1.4 m 左右。本次水文地质试验,对抽水井的水位进行动态观测,观测频率为一日 4 次,即每日的 8:00、14:00、20:00、2:00 观测,连续观测 5 d,其混合地下水位动态变化观测结果如图 6.39 所示。

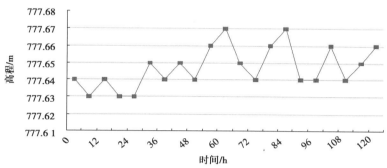

图 6.39　抽水井水位动态特征

从图 6.39 对抽水井 120 h 的动态变化曲线图看,观测期间水位日变幅 0～0.04 m,平均日变幅 0.02 m。通过稳定后的数据和图形中水位曲线可知,总体上是上下浮动,单日最大浮动为 0.03 m,但在各时段上地下水位没有规律可循,地下水水位在较短时间内基本不变。

抽水试验方法:成井后采用稳定流抽水,按非稳定流观测要求观测每个抽水孔。本次共进行 3 次降深的抽水试验,3 个落程的间距分布均匀,分别为 S_{max}、$2/3S_{max}$、$1/3S_{max}$,采用大落程→中落程→小落程→水位恢复的抽水顺序。最大降深按工程降水深度 21 m 控制。表 6.21 为抽水试验成果表,如图 6.40 所示为现场抽水试验 $s\text{-}t$、$Q\text{-}s$ 曲线图。

表 6.21　抽水试验成果表

项目\孔号	水位降深/m			出水量/(L·s⁻¹)		含水层厚度
	小落程	中落程	大落程	落程	Q	M/m
01	2.64	4.18	5.83	小	1.11	
02(G)	1.19	1.85	2.50	中	2.16	21.46
03(G)	0.98	1.48	2.01			
04(G)	0.77	1.18	1.60	大	3.5	

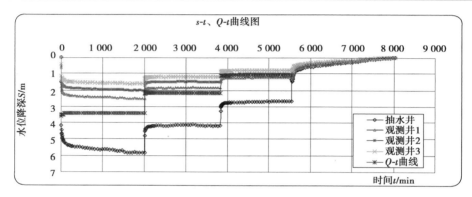

图 6.40　现场抽水试验曲线图

本场地含水层的分布范围较大,稳定性较好,厚度大、补给条件较好,补给源水量较充沛,补给量较稳定。本次抽水试验的结果为抽水孔水位降深 5.83 m,涌水量达 3.50 L/s。随着涌水量的增大,降深变化速度有减缓的趋势。粉细砂孔隙含水层中孔隙水对抽水井的补给强度不甚大,较小井距的井群生产易于形成较大的干扰场。场地地下水较丰富,$Q\text{-}s$ 线型基本呈直线状,按此推断水位降至 760.05 m 即降深 17.65 m,涌水量达 13.68 L/s,水量较大,影响范围较广。

室内试验对原状土样及粉细砂样进行水平方向和垂直方向的渗透试验,渗透试验采用南京土壤仪器厂南-55 型渗透仪,该渗透仪适用于细粒土,试验采用变水头法。渗透容器由环刀、透水石、套环、上盖和下盖组成。环刀内径 61.8 mm,高 40 mm;透水石的渗透系数应大于 1 013 cm/s。变水头装置由渗透容器、变水头管、供水瓶、进水管等组成。变水头管的内径均匀,管径不大于 1 cm,

管外壁有最小分度为 1.0 mm 的刻度,长度为 2 m 左右。

操作步骤:将装有试样的环刀装入渗透容器,用螺母旋紧,要求密封至不漏水不漏气。对不易透水的试样,按规定进行抽气饱和;对饱和试样和较易透水的试样,直接用变水头装置的水头进行试样饱和。

将渗透容器的进水口与变水头管连接,利用供水瓶中的纯水向进水管注满水,并渗入渗透容器,开排气阀,排除渗透容器底部的空气,直至溢出水中无气泡,关排水阀,放平渗透容器,关进水管夹。

向变水头管注纯水,使水升至预定高度,水头高度根据试样结构的疏松程度,确定一般不应大于 2 m,待水位稳定后切断水源,开进水管夹,使水通过试样,当出水口有水溢出时开始测记变水头管中起始水头高度和起始时间,按预定时间间隔测记水头和时间的变化,并测记出水口的水温。

将变水头管中的水位变换高度,待水位稳定再进行测记水头和时间变化,重复试验 5～6 次。当不同开始水头下测定的渗透系数在允许差值范围内时,结束试验。

(3)室内渗透系数的修正方法

把本次现场水文试验测试结果与室内渗透试验结果进行对比校正。同时选用了太原市汾河一级阶地东西两岸的另外两组现场水文地质测试的结论,并与测试同场地的土工试验结果进行对比,以期得到现场试验与土工试验的规律或可比性所在。

对太原市汾河一级阶地 3 个场地(摩天石、并州饭店、王村南街)同条件进行的 3 组现场抽水试验与室内试验渗透系数的结果进行对比见表 6.22。

表 6.22　现场抽水试验与室内渗透试验渗透系数结果对比

含水层	岩性	现场抽水试验	室内渗透试验
潜水含水层	粉土	$9.56 \times 10^{-5} \sim 1.34 \times 10^{-4}$ cm/s	$0.51 \times 10^{-5} \sim 1.39 \times 10^{-5}$ cm/s
	粉细砂	$0.88 \times 10^{-3} \sim 1.51 \times 10^{-3}$ cm/s	$1.12 \times 10^{-4} \sim 2.07 \times 10^{-4}$ cm/s
第一承压水层	粉土	$1.05 \times 10^{-4} \sim 4.16 \times 10^{-4}$ cm/s	$6.86 \times 10^{-5} \sim 2.06 \times 10^{-5}$ cm/s
	细中砂	$2.12 \times 10^{-3} \sim 8.67 \times 10^{-3}$ cm/s	$6.48 \times 10^{-4} \sim 6.6 \times 10^{-4}$ cm/s

从表6.22可知,同样的粉土层上部潜水层现场抽水试验的结果是室内渗透试验的7~22倍,下部承压水层粉土现场抽水试验的结果是室内渗透试验的5.3~12倍,粉细砂层现场抽水试验的结果是室内渗透试验的4.25~13.2倍,细中砂层现场抽水试验是室内渗透试验的3.2~13.5倍。

土质不同渗透性能不同,砂层孔隙水压力消散快,变形很快结束且恢复需要的时间短;粉土的孔隙水压力消散慢,变形恢复得慢且持续的时间长。土体颗粒越细,孔隙水压力消散越慢,变形恢复得慢且持续的时间越长。

上层粉土现场抽水试验的渗透系数与室内试验渗透系数的比值大于下层粉土,究其原因是太原市上层粉土为松散-稍密状态,取样质量难以保证,压密及扰动现象较下部土体严重,导致土体在取样过程中不能取得好的Ⅰ级试样,试样的室内试验与野外原位测试的指标不能很好地匹配。

渗透系数的确定要求采用野外抽水试验和室内试验两种方法综合确定。一般在详细勘察阶段时间紧,野外大型抽水试验费用高,工期长,一般以室内试验为主。但室内试验渗透系数偏小,对降水计算、土体固结、周围环境影响的分析估算是不利的。为此,对室内渗透系数进行修正主要考虑因素如下:

①在取样过程中对土样的扰动程度。土的力学参数对试样的扰动是十分敏感的,要测求土的强度试验、固结试验等内容时,要求取土样的质量达到不扰动土。但在实际取土、运输以及室内试验切取环刀的过程中,对土样有不同程度的扰动。此处对土的扰动程度用以下方法来确定:

$$扰动指数 \ I_D = \frac{\Delta e_0}{\Delta e_m} \tag{6.1}$$

式中　Δe_0——原位孔隙比与土样在先期固结压力处孔隙比的差值;

　　　Δe_m——原位孔隙比与重塑土土样在先期固结压力处孔隙比的差值。

当I_D<0.15,土样几乎未扰动;

　　0.15≤I_D<0.30,土样少量扰动;

　　0.30≤I_D<0.50,土样中等扰动;

$0.50 \leqslant I_D < 0.75$，土样很大扰动；

$I_D \geqslant 0.75$，土样严重扰动。

②深度修正。随着自然地面下深度的加深，土体受历史上上覆土压力的作用，土体的密实度越大，力学性质越强。为了反映土体性质随深度的变化，结合太原市区域地质特征，对土体进行深度修正。修正方法：太原市汾河一级阶地 10 m 以上为 Q_4^2 新近堆积地层，地下水位高，土体性质软弱，灵敏度较高，静力触探锥尖阻力厚度加权平均值小于 1 MPa，为中等偏高-高压缩性土。10 m 以下地层土体力学性质变强，按照地基基础规范对承载力的修正系数，土层越往下土体性质越好，修正系数越高的关系，综合考虑土样深度越大处，土样质量越容易保证，对渗透系数的取值影响越小，呈负相关。修正系数按以下选取：

10 m 以上 Q_4^2 土层：粉土、粉质黏土取 1.5；

砂层取 1.2；

10 m 以下土层：粉土、粉质黏土取 1.0；

粉细砂中密状态取 0.65、密实状态取 0.60；

中粗砂中密状态取 0.60、密实状态取 0.55。

③应力释放修正。土样取出后，对表层土体应力释放后体积膨胀小，土体越往深，应力释放后土样体积膨胀变化大，根据太原市经验，10 m 以上按 1.0 取值；10～30 m 按 0.9 取值；大于 30 m 按 0.85 取值。

④孔隙水压力消散程度的修正。考虑砂层孔隙水压力消散快，变形恢复快，且所需排水用的时间短，对粉细砂及中砂进行修正，粉细砂采用 0.85，细中砂采用 1.25。

⑤渗透系数土层影响权函数值。对太原市几组渗透试验进行室内、野外抽水试验结果的拟合，并对本次采用渗透系数进行模拟与实测值的拟合，反复推敲合理的影响系数，10 m 以上新近堆积 Q_4^2 地层权函数值均取 10；10～30 m 为 Q_4^1 地层，30 m 处权函数为 6，在 10～30 m 范围内，线性内插法取值；大于 30 m 至稳定的砂卵石层底部约 45 m 处，权函数取 2，之间范围内线性取值。

推导得出模型采用的渗透系数需对室内试验渗透系数进行以下修正：

$$K = (1+I_D) \times k_2 \times k_1 \times \eta \times k \times w_i \tag{6.2}$$

式中　I_D——土样扰动指数；

　　　k_2——对土样深度的修正系数；

　　　k_1——土样应力释放修正系数；

　　　η——孔隙水压力消散程度修正系数；

　　　k——室内试验渗透系数，cm/s；

　　　w_i——渗透系数土层影响权函数值。

6.6.2　土体降水前后力学性质取值的对比

（1）土体降水前后土体性质研究现状

深基坑工程中，降水与开挖是分层分步相互交替进行的。坑内土体经历了反复的加卸荷作用，会改变土体的有效应力，土体在加荷卸荷路径下的力学性状有显著差别，土体的强度及抗变形能力随着开挖卸荷而改变，导致土体的各种力学性状与单纯考虑开挖卸载或降水加荷是不同的。

渗流会改变土体中应力状态的改变，从而土的变形、强度特征等力学性质发生变化。

长期的研究和实践表明，现有的理论基础基本上以加荷试验和少量卸荷试验为依据建立，对降水开挖过程，几乎没有研究过。获得土体在降水开挖路径下的强度、变形、渗透性等性状变化趋势，对模型模拟结果的准确性意义重大。

安璐和郑刚等对超深基坑分层降水开挖条件下坑内土体性状研究，对天津超深基坑分层降水开挖下坑内土体的力学性状的变化进行了研究。

潘有林等曾提出模拟大面积卸载，采用常规的卸荷回弹试验，待固结稳定后采用卸荷回弹试验。

土体在降水前后，土体的物理力学指标部分发生了变化，而力学指标变化较大。

随着土体中含水量的增加,土样破坏时的孔隙水压力逐渐增高,周围压力越高,土样破坏时的主应力差就会越大,孔隙水压力越大;有效应力比随着含水量的减少而增大,当周围压力较高时,规律越明显,较低含水量的试样具有较高的抗剪强度。

目前地下水改变对岩土体的稳定性影响研究主要是软化机理,即浸水后强度等级降低。

（2）降水前后土体力学性质

对中环壹号基坑内土体在降水完成后分别在 4 m、8 m、13 m、22.5 m 处取土样进行常规物理力学性质指标测试,对土样进行高压固结多级卸荷回弹试验及三轴试验。

高压固结试验采用压缩固结仪,分别在 25 kPa、50 kPa、100 kPa、150 kPa、200 kPa、400 kPa、800 kPa、1 600 kPa、3 200 kPa 每级压力下进行加压—卸荷—回弹—加下一级压力。压缩-回弹曲线如图 6.41—图 6.44 所示。

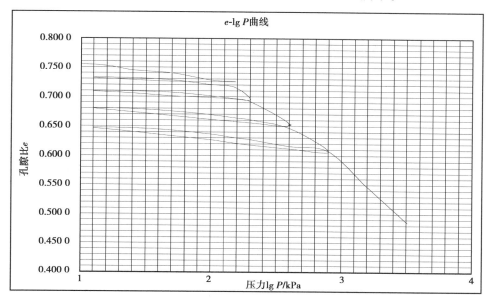

图 6.41　降水后 4 m 处高压固结曲线

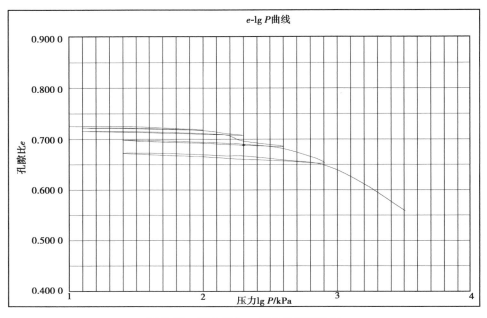

图 6.42　降水后 8 m 处高压固结曲线

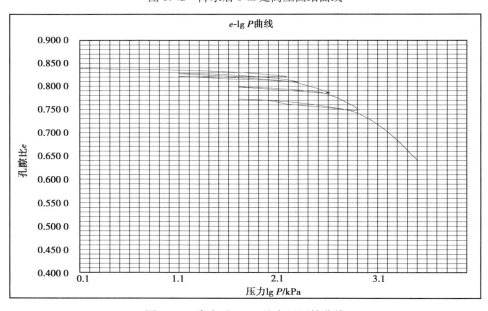

图 6.43　降水后 13 m 处高压固结曲线

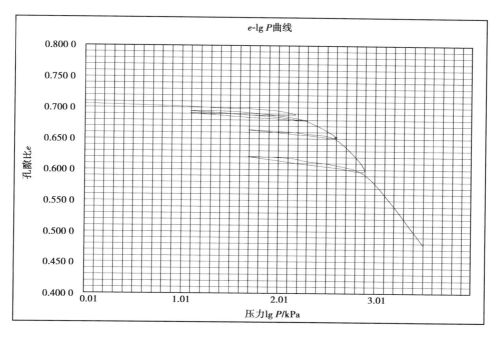

图 6.44　降水后 22.5 m 处高压固结曲线

　　土体在基坑降水及开挖过程中土体发生了排水固结过程,本次三轴试验采用不固结不排水 uu 状态的剪切试验,采用 R0783 应变控制式三轴仪,采用单样分级加荷试验的方法,试验的围压分别按 100 kPa、200 kPa、300 kPa、400 kPa 加载并提供相应的 c、φ 值。试验方法:试样安装好后进行压力罩的安装及测力计的调整,试验加载先施加第一级围压 $\sigma_3 = 100$ kPa,试样剪切轴向应变没产生 0.63%,当测力计读数达到稳定或者出现回调现象时,记录测力计及轴向变形的读数,关闭电动机将测力计调整为零,然后施加第二级围压 $\sigma_3 = 200$ kPa,此时测力计因施加周围压力读数增加,应将测力计读数调整至零后转动手轮使测力计与试样帽接触,并按上述同样的方法剪切至测力计读数稳定。如此进行围压 $\sigma_3 = 300$ kPa,$\sigma_3 = 400$ kPa 下的剪切试验。累计的轴向应变达到 20% 时试验结束。

　　对场地的 4 个不同米数降水前后的物理力学性质指标见表 6.23、表 6.24。

表 6.23   降水前后物理指标对比表

深度/工况	含水率/%	比重	湿密度/(g·cm⁻³)	W_1/%	W_p/%	I_1	e
4 m/降水前	31.2	2.72	2.09	27.3	18.4	8.9	0.969
4 m/降水后	25.8	2.7	1.93	25.6	16.6	9	0.76
8 m/降水前	32.9	2.7	2.17	28.1	18.7	9.4	0.891
8 m/降水后	24.2	2.7	1.94	25.6	16.6	9	0.729
13 m/降水前	32.8	2.71	2.26	27.3	18.1	9.2	0.872
13 m/降水后	27.4	2.7	1.87	26.1	17	9.1	0.839
22.5 m/降水前	23.6	2.7	1.99	28.9	19.2	9.7	0.688
22.5 m/降水后	21.5	2.71	1.93	27.4	17.3	10.1	0.706

表 6.24   降水前后力学指标对比表

深度/工况	C/kPa	Ψ/(°)	a_{1-2}/MPa⁻¹	a_{2-3}/MPa⁻¹	a_{3-4}/MPa⁻¹	a_{4-6}/MPa⁻¹	a_{6-8}/MPa⁻¹	Es_{1-2}/MPa
4 m/降水前	11	17.2	0.51	0.37	0.3	0.22		3.86
4 m/降水后	15	18.6	0.38	0.26	0.23	0.19		4.63
8 m/降水前	13.1	18.2	0.48	0.35	0.28	0.17		3.94
8 m/降水后	17.4	19.4	0.35	0.24	0.21	0.15		4.94
13 m/降水前	12.1	18.3	0.39	0.314	0.22	0.18	0.14	4.8
13 m/降水后	19	22.6	0.30	0.28	0.19	0.16	0.12	6.13
22.5 m/降水前	14.9	19.2	0.24	0.19	0.18	0.12	0.09	7.0
22.5 m/降水后	15.8	18.4	0.25	0.20	0.18	0.11	0.10	6.8

从图 6.41—图 6.44 可知,对降水后土样进行多级卸荷回弹,降水开挖路径下应力-应变曲线有反复加卸载的"回滞圈",且土体的回弹变形与应力路径、应

力历史、土体本身变形性状关系密切。卸荷曲线的斜率不一致,不是定值,但回弹的路径几乎是一组平行线;土样不是弹性均质体,受加载压密的作用,每级卸荷后不能回弹至上一级起始加压处;卸荷越为彻底,回弹量才会越大。

从表 6.24 及图 6.41—图 6.44 可知,渗流作用导致土体中应力状态发生了改变,从而使土体的变形、强度指标均出现了变化。降水前后,土体的物理指标液限、塑限、塑性指数没有变化,即降水不会使土体的土性发生改变。

在地面下 4 m、8 m、13 m 处,降水后土体的含水量分别减小了 5.4%、8.7%、5.4%;减小的幅度为 17.3%、26.8%、16.5%。22.5 m 处正好位于水位降深处附近,含水量的减小值为 2.1%,减小的幅度为 8.9%。

降水后 4 m、8 m、13 m 处土体的孔隙比较降水前减小,减小的幅度分别为 21.6%、18.2%、3.8%;22.5 m 处孔隙比没有减小反而出现增大,增长的幅度为 2.6%。

降水后 4 m、8 m、13 m 处土体的压缩系数较降水前减小,以 a_{1-2} 为例减小的幅度分别为 15.5%、28.1%、33.1%;22.5 m 处压缩系数没有减小反而略有增长,增长的幅度为 4.1%。

降水后 4 m、8 m、13 m 处土体的压缩模量较降水前增大,以 Es_{1-2} 为例的增长幅度分别为 19.9%、25.4%、27.7%;22.5 m 处压缩系数没有增长反而略有减小,减小的幅度为 3.8%。

降水后 4 m、8 m、13 m 处土体的黏聚力较降水前增大,增长幅度分别为 36.4%、32.8%、57%;22.5 m 处黏聚力也有增长,增长的幅度为 6.0%。

降水后 4 m、8 m、13 m 处土体的内摩擦角较降水前增大,增长幅度分别为 8.1%、6.6%、23.5%;22.5 m 处内摩擦角没有增长反而略有减小,减小的幅度为 4.2%。

对上述变化进行列表分析,见表 6.25。

表 6.25 降水后土体力学性质提高幅度一览表

取样深/m	孔隙比/%	含水率/%	a_{1-2}/%	Es_{1-2}/%	C/%	φ/%
4 m	−21.6	−17.3	−15.5	19.9	36.4	8.1
8 m	−18.2	−26.8	−28.1	25.4	32.8	6.6
13 m	−3.8	−16.5	−33.1	27.7	57.0	23.5
22.5 m	2.6	−8.9	4.1	−3.8	6.0	4.2

从表 6.25 可知,降水影响范围内的土体力学性质有不同程度的提高。原因为降水作用使原先由水体承担的一部分力转移到土体颗粒上,使土体有效应力增加,相当于给土体一个预压加固作用,增大了土体破坏的应变幅度,致使岩土体的力学性质发生改变。基底降低水位附近土体的含水量略有下降,但孔隙比、压缩系数略有增长,压缩模量略有下降,黏聚力及内摩擦角略有变化,说明是由基底土体卸荷回弹作用导致。

6.7 本章小结

本章介绍了某深基坑工程的工程概况、场地的工程地质及深基坑支护的工况,介绍了基坑工程的回弹监测内容,依据挂钩法测回弹值以及加卸荷实验。重点研究该基坑工程的基底回弹标志的布设、最大回弹值监测和加卸荷实验回弹值获得。

①数值模拟基坑内降水:止水帷幕底部嵌固进入弱透水层的地层,研究了改变连续墙模量、基坑外地下水位及支撑位置对基底向上变形的影响程度、变化趋势及其规律。可以得出以下结论及认识:

a.基坑内土体被开挖,基底土体来自上覆土的压力消散,产生向上变形。地下连续墙等支护结构对土体向上变形的约束,在基坑角部 δ 最小,其次是基坑边,基坑中间 δ 最大,坑底向上变形呈凸形。

b. 基坑开挖后,地下连续墙会向基坑内侧变位,墙后土体处于三轴拉伸状态,会引起土体的剪切变形,造成基底土体回弹甚至隆起。地下连续墙在墙体厚度一定的前提下,墙体的弹性模量增大,基坑底部向上变形会减小,但减小幅度不明显,用提高连续墙弹性模量来减小 δ 值不经济;水平支撑可以制约连续墙向坑内变位,对减小基底向上变形有效。通过数值模拟可知,最后一道支撑距坑底的距离越小,坑底的向上变形越小,设置最后一道水平支撑时,满足施工操作要求的前提下,能低尽量低。

c. 在基坑内部开挖前的一次性降水,或深开挖过程中进行分布降水,都会对坑底以下土体产生压密作用,这样增大了坑内土体的超固结比 OCR,同时增加了坑底土体抵抗向上变形的能力。

d. 地下水绕过止水帷幕在基坑内产生从下向上的渗流,当渗流路径不变,水头差增大时,将会有较大的动水压力作用在渗流影响区的土体,这样将会引起回弹甚至隆起变形。也就是水力梯度越大,渗流引起的向上变形越大。

e. 采用侧向固定水头一次降水与分步降水两种工况下,分析降水对基底向上变形的影响。

f. 当止水帷幕伸入弱透水层即粉土层中,两种降水方式对基底土体向上变形变化趋势是一致的。在同样水头差条件下,分布降水比一次降水引起的 δ 随开挖深度的增加变化缓慢。建议在工程上采用分布降水对制约向上变形更有利。

②向上变形监测:沿基坑宽度方向分 3 段进行条形开挖,测得的基底 δ 相近,约 48 mm,最大值 49.1 mm,进一步说明了条形开挖能减小基坑中央的 δ。

③由加卸荷实验可知:

a. 本章通过回弹再压缩试验得知回弹再压缩曲线形成滞回圈,这是由土的塑性变形引起的;回弹曲线相互平行;在同一个前期固结压力下对应的不同变形值,其差值就是土的沉降值。

b. 采用单样多级加卸荷三轴试验,在完全卸载 800 kPa 的条件下,测得 20 m

深土样最大回弹值达 8.58 cm。实际 20 m 深土样上覆土压力为 15 m 深粉土和 5 m 深中砂组成:16 kN/m³×15m+18 kN/m³×5 m=330 kPa,由表6.18 和图6.33 可知,可推知当压力为 330 kPa 时,20 m 深回弹值 17.8 mm。

④利用式(5.1)计算基底最大向上变形 δ,参数取自表6.1 和表6.2,开挖 20 m 深基坑,即 $H=20$ m,连续墙嵌固深度 $D=20$ m,黏聚力 c、摩擦角 φ 和土体重度取基底下 20 m 深(在一倍开挖深度范围内,向上变形沿深度的衰减最快)范围土层的加权平均值,得 $c=2.4$ kPa,$\varphi=26.4°$,$\gamma=17.52$ kN/m³,代入式(5.1)得 $\delta=52.8$ mm。

⑤本书通过数值模拟分析、工程实测、公式法和回弹再压缩试验对 20 m 深基底的 δ 比较,得出实测数据可靠,但费时费力;实验室结果小得多,此值小于现场实测值,这是因为室内土工实验没有考虑基坑内外压力差的影响,而且使用的土样为小尺寸试件,取土过程很难保证结构不被扰动;数值模拟结果偏大一点,具有很高的参考价值,在经验取值的基础可方便分析更大更深更复杂的基坑;公式法算的结果略大于实测值,由此证明公式法考虑的因素较全面,拟合公式可靠,可用于指导实际工程,数值模拟法也取得了良好的效果。

第7章 降水与回灌引起基底回弹的数值模拟

7.1 引言

随着基坑向深大方向发展,开挖中常常伴随着基坑降水的现象,尤其是地下水位埋藏较浅的地区。为了保证基坑工程顺利开挖,也为了确保基坑稳定,科学合理引导降水已成为必需。深基坑工程中降水是保证基坑稳定及开挖顺利进行的最主要工作内容,尤其是在地下水埋藏较浅的地区,降水必不可少。但基坑降水,在基坑附近一定范围内,会形成漏斗状的地下水位面。地下水位的下降,会造成地面及建筑物的不均匀沉降,对道路和建筑物造成极大破坏。为避免这些破坏,需将漏斗状的地下水位面范围尽量缩小,采取在帷幕外设置回灌井的措施。回灌井的设置要处理好和降水井点的关系,要做到既能降低基坑内的地下水位,又能通过回灌稳定基坑附近地下水位的水平,而不会因为地下水位变化太大,导致附近建筑的沉降过大。那么坑内设置降水井和坑外设置回灌井对基底回弹的影响如何?探讨基坑工程中降水与回灌的不同组合方式,对有效防止基底回弹,保证基坑稳定具有重要意义。本章参照某深基坑工程的水文地质条件、开挖支撑施工工况,分别采用侧向固定水头和上部固定水头两种水头补给位置,进行4种不同降水、回灌组合方式的数值模拟。

本章以太原市汾河一级阶地常见的典型地层为研究对象,初步确定支护结构及止水帷幕底部可能嵌固进入的地层,并按其透水性质划分为三类嵌固模式。采用数值模拟方法 FLAC3D 计算软件对三类嵌固模式在降水条件下,对基坑底部土体回弹的影响的总体趋势进行简单分析。

中环壹号基坑工程属于第二类嵌固模式,本章重点对其分别采用渗流方程中的第一类边界条件(定水头边界)下,侧向固定水头和上部固定水头两种水头补给位置,进行 4 种不同降水回灌组合方式的模拟计算,研究不同补给条件、不同组合方式的水文条件对支护结构及周围环境的影响规律,并将模拟结果与中环壹号的实测值进行对比修正。

7.2 太原地区工程地质条件及止水帷幕嵌固模式

7.2.1 太原地区工程地质条件

(1)地形地貌

太原盆地东西两侧为山,盆地内地形开阔,总体呈北东向展布。汾河为太原盆地最大的河流,自兰村峡口进入太原盆地,自北向南纵贯盆地中部,在汾河两岸形成漫滩、一级阶地、二级阶地。

(2)水文地质条件

太原盆地地下水径流补给由两侧高处向汾河补给。盆地内的含水层分为浅层孔隙含水层和中深层孔隙含水层,两者在空间上分布一致。上下层水位差 5 m、15 m、90 m 不等。但在汾河河道的中上部部分地区缺失弱透水层,导致上部和下部的含水介质直接接触,构成统一的含水层。浅层孔隙水含水层分布于太原盆地全区,含水层位于 50 m 以内,主要为全新统和上更新统的冲洪积的砂、砾石。由北向南含水介质由砂砾石、中粗砂渐变为粉细砂及粉土,富水性由强变弱。中深层为孔隙水和承压水,此含水介质为中、下更新统和上更新统的冲洪积,湖积砂卵石和中、粗、粉细砂,属多层结构的孔隙承压水含水系统。埋深 40～200 m,单层厚度 5～40 m,有时厚度达 50 m。含水介质以中、粗、粉细砂为主。含水介质由北向南颗粒由粗变细,厚度由厚变薄,富水性由强变弱。

（3）区域地质

太原地区地处山西台地背斜中段、鄂尔多斯地块东缘,受祁吕贺山字型构造及新华夏系构造的影响,表现为一系列断陷盆地。太原市即位于这一系列断陷盆地之一的太原盆地,其总体走向北东与近东之间,在晋祠以北转为北东东与东南之间,长约 15 km。自新生代以来,太原盆地一直处于下降的趋势,而两侧山区陆续上升,盆地底部构造复杂,断裂活动频繁,场地构造稳定性受区域构造控制。太原市基本地震烈度为Ⅷ度,设计基本地震加速度值为 0.20 g。

（4）岩土类型及地下水

太原市汾河东西两岸一级阶地广为第四系地层覆盖,地形平坦,地层分布较为稳定,主要由人工填土、第四纪全新世汾河冲积形成的粉土、粉质黏土、砂类土组成,上覆地层厚度大于 80 m。上覆地层由多个沉积旋回组成,越往深部,地层越稳定,由北向南,同一时代同一旋回地层的颗粒粒径组成由粗变细。

地下水埋藏较浅,水位变化为 0.8～5.6 m,地下水径流方向在汾河东岸内由东北向西南,汾河西岸由西北向东南,最终补给汾河。

如图 7.1—图 7.3 所示为太原市由北向南较为典型的工程地质剖面图,分别位于解放路与府西街交叉口、中环壹号工地、小店区嘉节村附近。

其中,图 7.1 所示水位为地面下 0.8 m,图 7.2 所示水位为地面下 3.2 m,图 7.3 所示水位为地面下 4.6 m。水位由北向南逐渐降低。

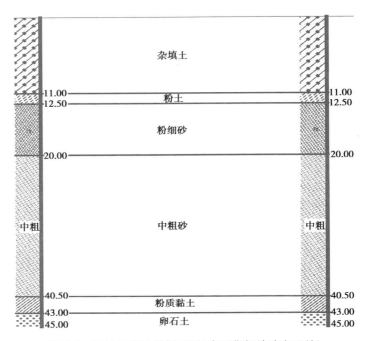

图 7.1　场地工程地质剖面图(府西街解放路交叉处)

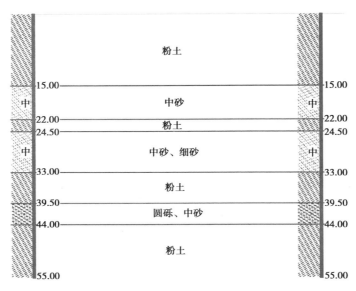

图 7.2　场地工程地质剖面图(中环壹号工地)

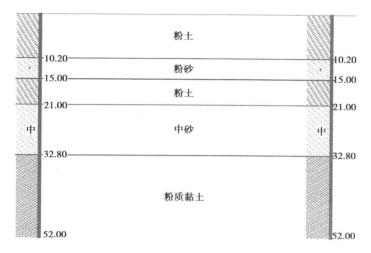

图 7.3　场地工程地质剖面图(嘉节村附近)

7.2.2　止水帷幕嵌固模式的划分

本书研究的基坑深度为 20 m 左右,为保证基坑顺利开挖必须进行支护结构及止水帷幕施工,按照太原地区经验,支护结构及止水帷幕深度一般为 35 ~ 40 m。帷幕底端放置地层在图 7.1 中位置为砂层中、在图 7.2 中位置为粉土层中、在图 7.3 中位置为粉质黏土层中。帷幕底端放置的地层不同,其土层的水力性质是不同的,它们分别属于强透水层、弱透水层、相对隔水层。为了便于研究在基坑开挖与降水条件下对基坑周边地面及支护结构的影响,将图 7.1—图 7.3 帷幕底部以上地层进行同类合并、厚度加权简化后,按隔水帷幕底部嵌固地层的水力性质将它们划分为三类嵌固模式。

第一类嵌固模式为止水帷幕底部嵌固进入强透水层即中砂层中(简称"底部含水层型")。第二类嵌固模式为止水帷幕底部嵌固进入弱透水层中即粉土层中(简称"底部弱透水层型")。第三类嵌固模式为止水帷幕嵌固进入降水含水层下的相对隔水层中即粉质黏土层中(简称"底部相对隔水层型")。合并后地层模型分别如图 7.4—图 7.6 所示。

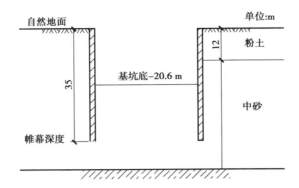

图 7.4 隔水帷幕伸入降水强透水层中

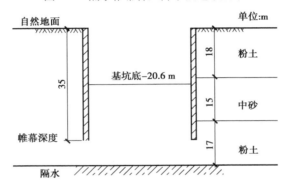

图 7.5 隔水帷幕伸入降水含水层下弱透水层中

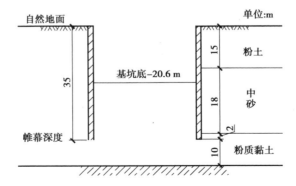

图 7.6 基坑帷幕深入降水含水层下的隔水底板中

7.3　建模思路

考虑目前太原市 20 m 以上的深基坑较少,尤其是地下水水位较高需要大降深的基坑工程更是凤毛麟角,不能搜集到上述 3 种渗流模型下基坑工程的监测资料,无法对模型进行修正。本节参照中环壹号的水文地质条件、开挖支撑施工工况,重点模拟止水帷幕嵌固进入半透水层时降水回灌不同组合方式对支护结构及周边地面土体的变形规律及影响程度。对其余两种嵌固模式,仅从宏观方面研究基坑内降水对基坑外地表土体的饱和度、孔隙水压力、渗流途径、基坑外土体变形、墙体水平位移量的总体变化趋势。

基坑周边地表的下沉量与基坑内降水引起坑外土体的沉降固结量有关,也与基坑开挖支撑结构向内侧向变形引起土体变形有关,这两种因素引起的沉降量可以认为是相互独立的。基坑外地表土体的下沉量认为是上述两者进行线性叠加。本章讨论时将支护结构引起的土体下沉量归零,只考虑降水引起的基坑外土体变形的规律。

模型的工况:基坑深度为 20.6 m,地下连续墙作为支护结构兼止水帷幕,基坑开挖按 2 m、8 m、13 m、17 m、20.6 m 五步,设置了 4 道水平支撑,分别位于 1 m、7 m、12.8 m、16.2 m 处。考虑基坑开挖对围护结构外周边一定范围内及开挖底面下一定深度内的土体均会产生影响,根据相关工程经验,模型以基坑长短边的中点为对称轴对称布置,模型长度方向为无限长,模型宽度取基坑深度的 9 倍为 180 m,高度取基坑深度的 3 倍为 60 m,墙体厚度取 1.0 m,计算模型取宽度中心线为对称面。

模型的边界条件:模型的底边处 x、y、z 方向均进行约束,侧面只进行 x、y 方向的约束。

模型结构单元:采用 C-Y 材料本构模型,地下连续墙止水帷幕采用衬砌单元,而水平支撑采用的是梁结构单元。

模型中支护结构及土的相关参数分别见表 7.1 与表 7.2。

模型中的地下水：地下水位在自然地面处，地下水的孔隙率取 0.3，密度 1 000 kg/m³，体积模量 $2.0×10^9$ Pa，抗拉强度为 $-1.0×10^{15}$ Pa；中粗砂、粉细砂、粉土、粉质黏土的渗透系数分别为 $5×10^{-10}$ m²/Pa·s（相当于 $5×10^{-4}$ cm/s）、10^{-10} m²/Pa·s（相当于 10^{-4} cm/s）、10^{-11} m²/Pa·s（相当于 10^{-5} cm/s）、10^{-12} m²/Pa·s（相当于 10^{-6} cm/s）。

由第五章基坑开挖回弹规律的模拟结论"抽条开挖，及时支撑，先撑后挖，分层开挖"可设计模型的工况：基坑深 20 m，宽 54.6 m，沿宽度方向取 20 m，长度方向为 75.8 m，可以按无限长考虑，即基坑为长条形。模型宽度取 180 m，高度取 60 m，长度方向取 2 m 为研究对象，连续墙厚度取 1.0 m。为研究问题的方便，以宽度中心线为对称面取其一半来建模。基坑开挖简图，如图 3.9 所示，模型如图 7.7 所示。

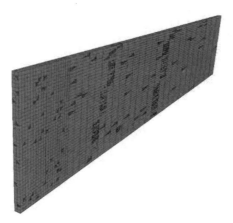

图 7.7　计算模型图

模型边界的约束情况如图 7.8—图 7.12 所示：红色代表 Z 向约束，蓝色代表 X 向约束，绿色代表 Y 向约束。因为基坑 3 倍深度以下基本无变形，所以在模型底面进行 x、y、z 3 个方向约束，而地面可自由变形，模型顶面无约束，侧面根据实际情况有变形有约束。

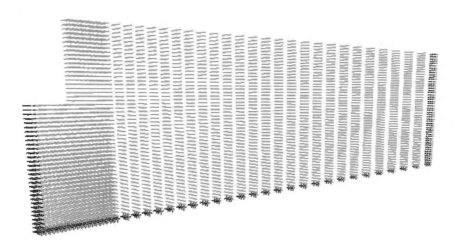

图 7.8　模型约束条件图

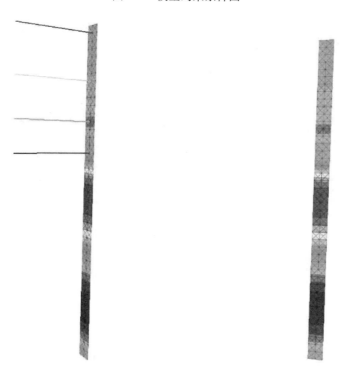

图 7.9　连续墙加支撑图　　　　　　　　　图 7.10　连续墙正面图

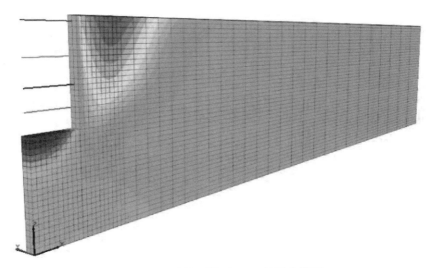

图 7.11   基坑开挖至 20 m 显示支撑图

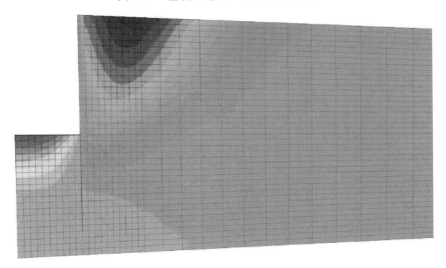

图 7.12   基坑开挖至 20 m 不显示支撑图

该模型基于 C-Y 本构模型,采用衬砌单元模拟地下连续墙,梁结构单元模拟水平支撑。

模型中的地下水:地下水位在自然地面处,地下水的孔隙率取 0.3,密度 1 000 kg/m³,体积模量 2.0×10⁹ Pa,抗拉强度为-1.0×10¹⁵ Pa;中粗砂、粉细砂、粉土、粉质黏土的渗透系数分别为 5×10⁻¹⁰ m²/Pa · s(相当于 5×10⁻⁴ cm/s)、

$1.0×10^{-10}\,m^2/Pa\cdot s($ 相当于 $1.0×10^{-4}\,cm/s)$、$1.0×10^{-11}\,m^2/Pa\cdot s($ 相当于 $1.0×10^{-5}\,cm/s)$、$1.0×10^{-12}\,m^2/Pa\cdot s($ 相当于 $1.0×10^{-6}\,cm/s)$。

归纳建模步骤如下：

①用稀疏均匀的网格建立模型。

②给各个边界根据实际变形情况施加约束。

③依表 7.1 和表 7.2 给模型赋予物理力学参数。

表 7.1　地下连续墙参数一览表

参数类别	衬砌参数		支撑参数	
参数项目	厚度/m	1.00	截面积/m²	1.0
	密度/(kg·m⁻³)	2 000	水平间距/m	2.0
	弹性模量/GPa	5.712	密度/(kg·m⁻³)	4 000
	泊松比 μ	0.2	弹性模量/GPa	4.0
	惯性矩/m⁴	0.167	惯性矩/m⁴	0.083

表 7.2　土体的 C-Y 模型采用参数

土层名称	（弱透水层）粉土	（透水层）中砂	（隔水层）粉质黏土
干密度 $\rho/(kg\cdot m^{-3})$	1 600	1 800	1 600
体积模量/Pa	$1×10^7$	$3.33×10^7$	$1.11×10^7$
剪切模量/Pa	$0.35×10^7$	$1.54×10^7$	$0.37×10^7$
极限摩擦角 $\phi_f/(°)$	22	32	25
极限膨胀角 $\varPsi_f/(°)$	0	2	0
渗透系数/$(×1.02×10^{-6})$	$1.0×10^{-11}$	$5.0×10^{-10}$	$5.0×10^{-12}$
地下水孔隙率	0.3	0.3	0.3
eur/Pa	$20×10^6$	$90×10^6$	$24×10^6$
eoed/Pa	$4×10^6$	$30×10^6$	$4×10^6$
泊松比 μ	0.15	0.25	0.18
摩擦角/(°)	22	32	25

④计算该模型在自重应力下的变形。

⑤将自重应力作用下的土体变形清零。

⑥将基坑周边向远处网格由密变稀,这样既可以提高求解精度又可以不使运算速度太慢。

⑦设水头压力模拟回灌井。

⑧基坑每开挖一步,距开挖面向上 1 m 处设置一道水平支撑。

⑨记录每步的基底土体隆起量进行后处理。

本书研究的基坑深度为 20 m,地下连续墙深度为 40 m,其底部嵌固进入弱透水层中即粉土层中,如图 7.9 和图 7.10 所示。

由图 7.13 和图 7.14 可知,为了预防基坑底部发生隆起甚至管涌,坑内降水分为两个部分:一是降低粉土层中的潜水位至连续墙底部;二是降低砂层含水层的水头。

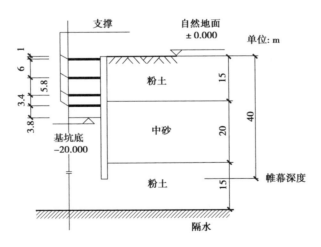

图 7.13　地下连续墙伸入弱透水层剖面图

图 7.14　模型土层分块图

降水井开启引起的基坑内外孔隙水压力的变化如图 7.15 所示,基坑内外渗流场的变化如图 7.16 所示。

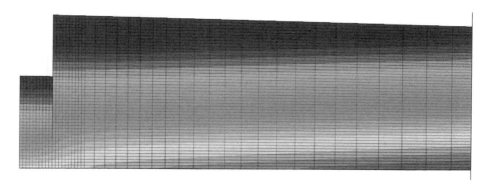

图 7.15　孔隙水压力云图

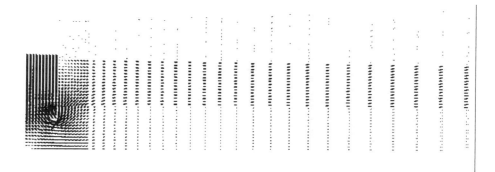

图 7.16　渗流途径

从上述基坑内外孔隙水压力云图和渗流图分析对比可以得出:地下连续墙嵌入的地层为粉土层,兼做止水帷幕,它没有将基坑内外的水力联系彻底切断,渗流由基坑外向基坑内沿着帷幕底部进行,导致基坑外的土体在一定范围呈现非饱和状态,云图可以看出,帷幕处深度最大。渗流对基底回弹的影响如图 7.17 所示。

由图 7.17 可知,基底回弹呈凸形,帷幕底部土层的透水性越强、渗透系数越大,基坑内外水头差越大,基底回弹量会越大。

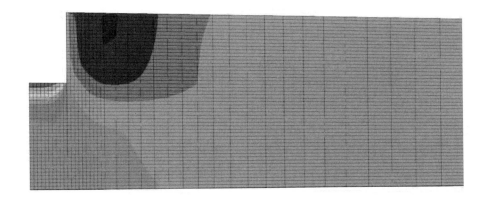

图 7.17　渗流引起基底回弹图

7.4　稳定系数的计算

在坑内降水至 23 m 深处,降水完成,参照表 6.1 和图 7.13,依据式(4.5)和式(4.6)及数值模拟,得出的稳定系数分别为 2.19、2.48 和 3.98,说明基坑满足抗隆起稳定,可开挖基坑。土方开挖严格按照"及时支撑、先撑后挖、分层开挖、严禁超挖"的实践经验,采取分区、分块、抽条开挖和分段安装支撑的施工方法。

7.5　数值模拟改变参数

通过改变各个模型中地下连续墙的模量,改变基坑外的水位以及改变连续墙的水平支撑的位置,获得相应数据进行分析对比,找出各个状况下基坑底部的回弹隆起变形的规律。本模型隔水帷幕未深入降水含水层中,基坑先降水至地表下 23 m 深,然后分步开挖,每道支撑分别设在开挖面以上 1.0 m 处,直至开挖至 20.0 m 深处结束。参数改变具体情况见表 7.3。

表 7.3　模型计算的有关计算内容

改变连续墙的模量值		5.7 GPa、12.1 GPa、18.5 GPa、25 GPa
改变基坑外的水位值		地表位置、地表以下 4.0 m、8.0 m、12.0 m
改变连续墙的 4 根水平支撑的位置	位置一	从地表往下 2.0 m、8.0 m、13.0 m、17.0 m
	位置二	从地表往下 1.0 m、7.0 m、12.0 m、16.0 m
	位置三	从地表往下 3.0 m、10.0 m、13.0 m、17.0 m

7.5.1　改变连续墙模量模拟结果分析

当地下水位处于地表,支撑情况取位置一时,改变连续墙模量。数值模拟求解获得每步开挖对应的基底最大回弹值,详见表 7.4 和图 7.18。对所得数据进行多方位分析对比,见表 7.5 和表 7.6,以找寻一些规律。

表 7.4　改变连续墙模量基坑每步开挖的最大回弹值

开挖深度/m	$E=5.7$ GPa	$E=12.1$ GPa	$E=18.5$ GPa	$E=25$ GPa
3	0.383	0.36	0.355	0.35
9	1.23	1.14	1.125	1.09
14	3.83	3.69	3.59	3.49
18	7.2	6.59	6.22	5.96
20	14.03	11.59	10.85	10.37

当基坑外水位在地表,基坑内水位降至基坑底面标高下 3 m 后,支撑位置分别在地表往下 -2 m、-8 m、-13 m、-17 m 处,即支撑位置一时,由表 7.4、表 7.5、表 7.6 和图 7.12 分析得出以下 3 个结论:

①4 条曲线变化趋势一致,开挖深度越深,基底的回弹值增长的幅度越大,见表 7.5。

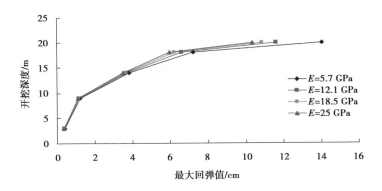

图7.18　改变连续墙模量基底最大回弹值随开挖深度的变化图

②增加连续墙的模量,基底回弹值在减小,随开挖深度的增加减小的幅度也在增大,见表7.6。

③增加开挖深度比增大连续墙模量对基底回弹影响大,用增大连续墙的模量来减小回弹值不经济,合理引导开挖意义更大。

表7.5　基底回弹值随开挖深度变化的比值表

开挖深度/m	$Z_w=0.0$ m　　　支撑位置一		
	$E=5.7$ GPa	增加回弹值	比值
3	0.383	—	1.00
9	1.23	0.847	2.21
14	3.83	2.6	6.79
18	7.2	3.37	18.80
20	14.03	6.83	36.63

表7.6　20 m深连续墙各种模量回弹值比值表

开挖深度/m	$E=5.7$ GPa	$E=12.1$ GPa	$E=18.5$ GPa	$E=25$ GPa
20	14.03	11.59	10.85	10.37
比值	1.00	0.83	0.77	0.74

由图 7.18 可知,在隔水帷幕深入降水含水层中的基坑降水中,改变地下连续墙的模量对基坑内部回弹的变化都不大,可见,在满足力学计算的情况下改变地下连续墙的模量对控制基坑内部的回弹变形意义不大。后续连续墙的模量取 $E=5.7$ GPa。

7.5.2　改变基坑外地下水位模拟结果分析

当连续墙的模量取 $E=5.7$ GPa,支撑情况取位置一时,改变地下水位。数值模拟求解获得每步开挖对应的基底最大回弹值,详见表 7.7 和图 7.19。对所得数据进行多方位分析对比,见表 7.8 和表 7.9,以找寻一些规律。

表 7.7　改变地下水位基坑每步开挖的最大回弹值

开挖深度/m	$Z_w=-12.0$ m	$Z_w=-8.0$ m	$Z_w=-0.4$ m	$Z_w=0.0$ m
3	0.46	0.42	0.42	0.38
9	1.32	1.29	1.25	1.23
14	2.86	3.07	3.38	3.83
18	5.35	5.5	6.2	7.2
20	9.64	10.5	11.8	14.0

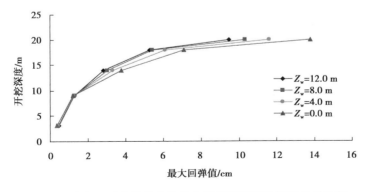

图 7.19　改变地下水位基底的最大回弹值随开挖深度的变化图

表7.8　同一地下水位基底每步开挖增加的最大回弹值与第一步的最大回弹值的比值表

开挖深度/m	$Z_w=-12.0$ m	$Z_w=-8.0$ m	$Z_w=-0.4$ m	$Z_w=0.0$ m
3	1.00	1.00	1.00	1.00
9	1.87	2.07	1.98	2.21
14	3.35	2.74	5.07	6.79
18	5.41	5.79	6.71	18.80
20	9.33	11.9	13.33	36.63

表7.9　同一开挖深度降低地下水位与地表水位增加的最大回弹值的比值

开挖深度/m	$Z_w=-12.0$ m	$Z_w=-8.0$ m	$Z_w=-0.4$ m	$Z_w=0.0$ m
3	1.21	1.11	1.11	1.00
9	1.01	1.02	0.98	1.00
14	0.59	0.68	0.82	1.00
18	0.74	0.72	0.84	1.00
20	0.63	0.74	0.82	1.00

连续墙的模量取 $E=5.7$ GPa,改变基坑外水位,分别在地表0.0 m、地下-4.0 m、地下-8.0 m、地下-12.0 m,基坑内水位降至基坑底面标高以下,支撑位置分别在从地表往下-2 m、-8 m、-13 m、-17 m处,即支撑位置一时,由表7.7—表7.9和图7.19分析得出以下3个结论:

①4条曲线变化趋势一致,开挖深度越深,基底的回弹值增长的幅度越大,详见表7.8:当 $Z_w=0.0$ m时,20 m深最大回弹值是3 m深的36.63倍。

②由表7.9可知,当坑外水位 $Z_w=-12.0$ m时,3 m深的最大回弹值是 $Z_w=0.0$ m的1.21倍。这是因为在基坑内部开挖前的一次降水,或深开挖过程中进行分布降水,都会对坑底以下土体产生压密作用,这样就增大了坑内土体的超固结比 OCR,同时减小了坑底的回弹变形。

③由表 7.9 可知,当坑外水位 $Z_w = -12.0$ m 时,20 m 深的最大回弹值是 $Z_w = 0.0$ m 的 0.63 倍。这是因为地下水绕过止水帷幕在基坑内产生从下向上的渗流,当渗流路径不变,水头差增大时,将会有较大的动水压力作用在渗流影响区的土体,这样将会引起回弹甚至隆起变形。也就是水力梯度越大,渗流引起的回弹隆起变形越大。

7.5.3　改变支撑位置模拟结果分析

当连续墙的模量取 $E = 5.7$ GPa,地下水位在地表时,改变支撑位置。数值模拟求解获得每步开挖对应的基底最大回弹值,详见表 7.10 和图 7.20。对所得数据进行多方位分析对比,以找寻一些规律。

表 7.10　改变支撑位置基坑每步开挖的最大回弹值

支撑位置一		支撑位置二		支撑位置三	
$Z_w = 0.0$ m　$E = 5.7$ GPa		$Z_w = 0.0$ m　$E = 5.7$ GPa		$Z_w = 0.0$ m　$E = 5.7$ GPa	
开挖深度/m	回弹值/cm	开挖深度/m	回弹值/cm	开挖深度/m	回弹值/cm
3	0.38	2	0.69	4	0.55
9	1.23	8	2.59	11	1.52
14	3.83	13	4.93	15	4.4
18	7.2	17	8.58	18	9.24
20	11.00	20	10.34	20	11.00

当基坑外水位在地表,基坑内水位降至基坑底面标高以下后,连续墙的模量取 $E = 5.7$ GPa,支撑位置分别设在每步开挖深度以上 1 m 处,由表 7.10 和图 7.20 分析得出以下两个结论:

①改变支撑位置,4 条曲线变化趋势基本一致,随开挖深度的增加,基底的回弹值增长的幅度更大,见表 7.10。

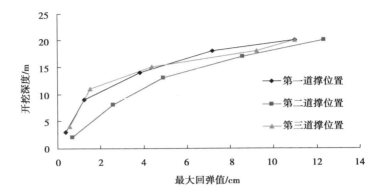

图 7.20 改变支撑位置基底最大回弹值随开挖深度的变化图

②第四道撑离 20 m 深的基底越远基底最大回弹值越大,如支撑位置二最后一道撑离基底 4 m,最大回弹值是 12.34 cm,而另两种最后一道撑离基底 3 m,最大回弹值是 11.00 cm,而且支撑位置一的每步开挖回弹值都较小,改变水位和改变连续墙模量取支撑位置一为研究对象。

7.6 数值模拟回灌

7.6.1 侧向固定水头边界模拟结果分析

如图 7.21 所示,所谓侧向固定水头就是保持模型右边界顶部水头不变,水头从此处向基坑边界回灌至止水帷幕底部流线呈漏斗状,其他边界不透水,进行一次降水无回灌、一次降水有回灌、分步降水无回灌、分步降水有回灌 4 种不同降水回灌组合方式的渗流模拟。

数值模拟求解获得每步开挖每种回灌对应的基底最大回弹值,详见表 7.11 和图 7.22。对所得数据进行分析对比,见表 7.12,以找寻一些规律。

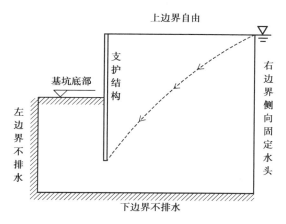

图 7.21 侧向固定水头示意图

表 7.11 侧向固定水头不同工况下基底最大回弹值列表（单位：cm）

开挖工况	开挖深度/m				
	2.0	8.0	13.0	17.0	20.0
分步降水无回灌	2.69	1.65	4.73	5.5	6.69
分步降水有回灌	2.27	2.70	6.13	7.50	10.40
一次降水无回灌	1.39	3.14	3.50	4.68	7.31
一次降水有回灌	1.91	4.71	5.57	7.19	11.70

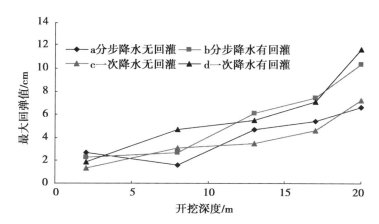

图 7.22 侧向固定水头不同工况下基底最大回弹值随开挖深度变化图

表 7.12　一次降水有无回灌工况下基底土体回弹量

开挖工况	降水完成	开挖深度/m				
		2.0	8.0	13.0	17.0	20.0
无回灌	0	1.39 cm	3.14 cm	3.50 cm	4.68 cm	7.31 cm
有回灌	0	1.91 cm	4.71 cm	5.57 cm	7.19 cm	11.70 cm
比值		0.73	0.67	0.63	0.65	0.62

由图 7.22 中 a、b 和 c、d 曲线可知,分布降水或一次降水无论有无回灌,基底最大回弹值随开挖深度的变化规律是一致的。只是有回灌比无回灌回弹值大。在表 7.12 中,从一次降水有无回灌的比值可知,无回灌回弹值是有回灌比值的 0.62 ~ 0.73 倍,随开挖深度的增加,比值由大变小。这是因为渗流对基底土体作用是向上的,基坑内外水头差的渗流作用,会对基底土体产生一个向上的作用力,导致基底土体回弹隆起,有回灌情况下,水头差更大,隆起效果更明显。无论有无回灌,分布降水比一次降水回弹值随开挖深度的增加变化缓慢。综上所述,对于降低基底回弹来说,建议在工程上采用分布降水不回灌。

7.6.2　上部固定水头边界模拟结果分析

如图 7.23 所示,所谓上部固定水头就是保持模型上边界顶部水头不变,水头从自上而下绕过止水帷幕底部进入基坑下部,其他边界不透水,进行一次降水无回灌、一次降水有回灌、分步降水无回灌、分步降水有回灌 4 种不同降水回灌组合方式的渗流模拟。

数值模拟求解获得每步开挖每种回灌对应的基底最大回弹值,详见表 7.13 和图 7.24。对所得数据进行分析对比,见表 7.14,以找寻一些规律。

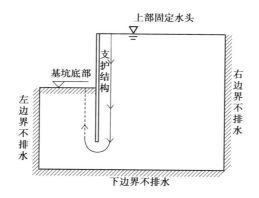

图 7.23　上部固定水头示意图

表 7.13　上部固定水头不同工况下基底最大回弹值列表（单位：cm）

开挖工况	开挖深度/m				
	2.0	8.0	13.0	17.0	20.0
一次降水无回灌	1.92	4.60	5.44	6.70	11.00
一次降水有回灌	1.94	4.84	5.77	7.72	13.40
分步降水无回灌	1.02	1.04	2.56	2.88	4.87
分步降水有回灌	2.62	2.93	5.86	6.03	8.31

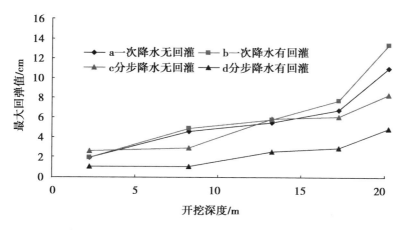

图 7.24　基坑内基底回弹量随开挖深度的变化曲线图

表 7.14 　一次降水有无回灌工况下基底土体回弹量

开挖工况	开挖深度/m					
	降水完成	2.0	8.0	13.0	17.0	20.0
无回灌	0	1.92 cm	4.60 cm	5.44 cm	6.70 cm	11.0 cm
有回灌	0	1.94 cm	4.84 cm	5.77 cm	7.22 cm	13.4 cm
比值		0.99	0.95	0.94	0.93	0.82

由图 7.24 中 a、b 和 c、d 曲线可知,分布降水或一次降水无论有无回灌,基底最大回弹值随开挖深度的变化规律是一致的。只是有回灌比无回灌回弹值大。在表 7.13 中,一次降水有无回灌的比值可知,无回灌是有回灌比值的 0.82 ~ 0.99 倍,随开挖深度的增加,比值由大变小。原因同侧向固定水头。无论有无回灌,分布降水比一次降水回弹值随开挖深度的增加变化缓慢。综上所述,对于降低基底回弹来说,再次建议在工程上采用分布降水不回灌。

比较两种固定水头模式在一次降水加回灌工况下的基底最大回弹值随开挖深度的变化情况。

由图 7.25 和表 7.15 可知,侧向固定水头比上部固定水头对抑制回弹更有利。这是因为同样的水头大小条件下,侧向固定水头比上部固定水头的渗流路径长,水力梯度就小,对基底回弹变形影响就小,在不影响周边环境条件下,尽量采用侧向固定水头回灌。

由上述数值模拟内容整理不同工况下的回弹值见表 7.16。

由表 7.16 可知,数值模拟时,当上部固定水头且分步降水无回灌的工况较接近表 6.17 的实测结果,实验结果与监测结果很接近。3 种方法结合使用取得了较好效果,采用回弹标志对基底土体回弹变形监测数据更为可靠,但历时长,监测点保护不好就会被破坏。而数值模拟方法可操作性强,可模拟各种复杂基坑开挖工况,在结合当地经验基础上,乘以适当折减系数,能为设计和施工提供有力的参考和指导作用。

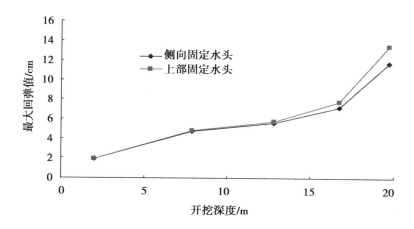

图 7.25　一次降水加回灌工况下基底土体回弹量随开挖深度变化图

表 7.15　一次降水加回灌工况下基底土体回弹量

开挖工况	开挖深度/m				
	2.0	8.0	13.0	17.0	20.0
侧向固定水头	1.91 cm	4.71 cm	5.57 cm	7.19 cm	11.70 cm
上部固定水头	1.94 cm	4.84 cm	5.77 cm	7.22 cm	13.40 cm
比值	0.985	0.973	0.965	0.996	0.873

表 7.16　开挖至 20.0 m 深不同工况下基底最大回弹值列表（单位：cm）

开挖工况	固定水头位置	
	上部固定水头	侧向固定水头
分步降水无回灌	4.87	6.69
分步降水有回灌	8.31	10.40
一次降水无回灌	11.00	7.31
一次降水有回灌	13.40	11.70

7.7　本章小结

①基坑内降水:止水帷幕底部嵌固进入弱透水层的地层,研究了改变连续墙模量、基坑外地下水位及支撑位置对基底回弹的影响程度、变化趋势及其规律。可以得出以下的结论及认识:

a. 基坑内土体被开挖,基底土体来自上覆土的压力消散,产生向上的回弹变形。地下连续墙等支护结构对土体回弹的约束,在基坑角部回弹量最小,其次在基坑边,基坑中间回弹量最大,坑底回弹呈凸形。

b. 基坑开挖后,地下连续墙会向基坑内侧变位,墙后土体处于三轴拉伸状态,会引起土体的剪切变形,造成基底土体回弹甚至隆起。地下连续墙在墙体厚度一定的前提下,墙体的弹性模量增大,基坑底回弹变形会减小,但减小幅度不明显,用提高连续墙弹性模量来减小回弹值不经济;水平支撑可以制约连续墙向坑内变位,对减小基底回弹有效。通过数值模拟可知,最后一道支撑距坑底的距离越小,坑底的回弹越小,设置最后一道水平支撑时,满足施工操作要求的前提下,能低尽量低。

c. 在基坑内部开挖前的一次性降水,或深开挖过程中进行分布降水,都会对坑底以下土体产生压密作用,这样就增大了坑内土体的超固结比 OCR,同时减小了坑底的回弹变形。

d. 地下水绕过止水帷幕在基坑内产生从下向上的渗流,当渗流路径不变,水头差增大时,将会有较大的动水压力作用在渗流影响区的土体,这样将会引起回弹甚至隆起变形。也就是水力梯度越大,渗流引起的回弹隆起变形越大。

②基坑外回灌:采用侧向固定水头和上部固定水头两种补给方式,分别在一次降水无回灌、一次降水有回灌、分步降水无回灌、分步降水有回灌 4 种工况下,分析降水回灌对基底回弹隆起的影响:当止水帷幕伸入弱透水层即粉土层中,两种固定水头位置的基底土体回弹隆起变化趋势及变化规律是一致的。在

同样水头差条件下,侧向固定水头回灌比上部固定水头回灌引起的回弹小。无论哪种回灌均会对基底土体引起回弹甚至隆起。无论有无回灌,分布降水比一次降水回弹值随开挖深度的增加变化缓慢。建议在工程上采用分布降水不回灌对制约回弹更有利。

综上所述,地下水消极作用表现在形成基坑外对基坑内的反向渗透力导致基底土体隆起,而且基坑内外水头差越大渗流路径越短,基底回弹越大。

③本书通过数值模拟分析、工程实测和回弹再压缩实验对 20 m 深基地的最大回弹值比较,得出实测数据可靠,但费时费力;实验取样困难,受多种条件限制;数值模拟结果偏大,但在经验取值的基础可方便分析更大更深更复杂的基坑。

第8章　结论与展望

8.1　结论

本书系统总结了国内外对基坑开挖基底向上变形的研究现状,用 FLAC3D 进行数值模拟以一个 20 m 深的基坑为研究对象,首先用抗隆起稳定系数对基坑的稳定性作了判断,并与各大传统计算公式对比,得出数值模拟具有灵活性、实用性和有效性的特点,而且成本低,不受室内外环境的影响,能很快捷地找出有规律的成果。本书借助 FLAC3D4.0 岩土工程专用软件,分别对基坑开挖的空间效应、周围环境以及有无工程桩引起基底回弹进行了深入研究。在建模时,选择土体合适的本构模型方面作了详细论证。最后以太原市某深基坑工程为例,研究了降水对基底向上变形的影响规律,并对本工程分别进行了向上变形量的现场实测和室内实验,作为数值模拟结果的佐证。本书所得结论归纳如下:

1. 在研究不同的问题上灵活选择不同的本构模型

本书通过一个 20 m 深的、均质土、不考虑水、连续墙嵌固深度为 30 m 的基坑分别运用了 Mohr-Coulomb 模型、修正 Mohr-Coulomb 模型和 C-Y 模型,得出:

①修正摩尔-库仑模型和 C-Y 模型回弹值非常接近,回弹曲线吻合度很高,而且运算速度较快。在同一深度处,Mohr-Coulomb 模型的回弹值大约是前两者的 3 倍,其值远超过经验值,这是因为该模型中的杨氏模量始终是定值,与实际

不符。但 Mohr-Coulomb 模型运算速度快,能反映一定的回弹规律,在模拟基坑开挖空间效应对基底回弹的影响规律时,采用了 Mohr-Coulomb 模型。

②修正 Mohr-Coulomb 模型是基于 Duncan-Chang 本构模型中土体切线模量随小主应力变化的公式,考虑了杨氏模量随土体不同深度的变化情况,在研究基坑周围环境及有无工程桩对基底回弹的影响时取得了良好效果。

③C-Y 模型基于 Mohr-Coulomb 模型进一步考虑了球应力作用下的帽盖屈服,在研究降水与回灌对基底回弹规律的影响时,获得的模拟数据合理可靠。

2. 抗隆起稳定性系数的分析比较

针对摩擦角为零的土:

①在计算软土($\varphi=0$)的公式中,用传统方法(规范法、Terzaghi 法、修正 Terzaghi 法以及 Wong 和 Goh 法)计算的抗隆起稳定系数可能都不满足设计要求。因为传统方法过于保守,对基坑稳定的有利因素考虑得不全面。

②通过考虑基坑的长、宽、深等形状,以及地基土的强度(黏聚力和摩擦角)和支护结构的嵌固深度等有利因素,改进的修正 Wong 和 Goh 法计算的结果接近实际情况,并与数值模拟法所得结果有 98% 的拟合度,同时证明了基于修正 Mohr-Coulomb 本构模型的数值模拟法的合理性。

③工程设计要求的 $F_s \geq 1.5$,若计算不足 1.5,用实际计算的 F_s 值与 1.5 的差值能反算出地基加固区需要的最小厚度。

针对摩擦角不为零的土:

①黏聚力、内摩擦角及嵌固深度是影响基坑开挖抗隆起稳定性的重要因素,并且嵌固深度的增大可有效地提高基坑的抗隆起稳定性。

②在支护结构的嵌固深度 D 与基坑深度 H 之比超过 1.5,$\varphi > 8°$时,基坑的抗隆起稳定性都能得到保证,不必进行抗隆起稳定性验算。

3. 数值模拟成果

①连续墙模量越小,基坑外水位越高,最后一道撑离基底越远,基底回弹值越大。

②基坑内外水头差越大,渗流路径越短,基底回弹越大。

③从模型的对称轴上取回弹数据形成的回弹曲线呈凸形,从通过桩中心线上取回弹数据形成的回弹曲线呈波纹形,这是因为对称轴处于相邻两桩的中间,对称轴上所有点为波峰值。

④开挖深度为 D,则工程桩对基底以上 $0.25D$ 至基底以下 $1.25D$ 范围的土体均有加固作用,能有效地限制土体回弹。

⑤桩距越大对土体回弹的限制越弱,桩径越大对土体回弹的限制越强。

⑥建模时,网格密度的疏密程度对基底最大回弹值的影响不大。

⑦桩设在节点上和设在网格中对基底最大回弹值的分析影响也不大。

⑧在同一深度处,基底回弹值随泊松比的增加而降低,但影响不太明显。

⑨在同一深度处,基底回弹值随黏聚力的增加而减小。

⑩当摩擦角小于等于 15°时,在同一深度处,摩擦角越大基底回弹值越大,在 15°~20°发生转折,即在同一深度处,基底回弹值变小了,当大于等于 20°时,在同一深度处,基底回弹值随摩擦角的增大又增大。

⑪当 $S=0$ m 时,基底回弹值随外荷载的增加而增加。

⑫取 $P=100$ kPa,改变外荷载距基坑边的距离,距离在 $0~55$ m 变化,基底回弹值由沉降逐渐转变为回弹,基底回弹值随距基坑边距离的增加而增加,增加幅度越来越小,50 m 和 55 m 处的回弹值已非常接近。

⑬当外荷载距基坑边的距离 $S=60$ m 时,改变外荷载的大小,基底回弹值几乎不随基坑开挖的增加而变化。建议在实际工程上基坑开挖距离相邻建筑物至少为 50 m。

⑭当连续墙插入土体深度越深,回弹值越小,回弹量的增量未必减小。当墙前后土体压力差小于等于地基承载力时,回弹量增量才为零。建议在具体工程中,应结合监测结果具体分析,不可一概而论。

⑮基坑的开挖长度一定时,宽度越大,其回弹量也越大。

⑯当基坑开挖宽度是长度的大约一半时,其回弹值为宽度等于长度时的

0.935～0.981 倍,开挖越深比值越接近,这样可以大幅度地简化建模空间,提高运算速度。

⑰对同一基坑,同一开挖面,首先是中心点 O 的回弹值最大,随开挖深度的增加回弹值增加明显;其次是长边中点 A 值大;再次是宽边中点 B 点值大,A、B 点随开挖深度的增加而增大;角点 C 的回弹值随开挖深度的增加由回弹转为沉降,由于此处土体的变形受到支护结构的约束,变形值很小,因此,控制中心处回弹值是要点。

⑱通过对方形基坑和长条形基坑在长宽比不变,面积增加一倍的工况下,进行数值分析,所得基底回弹值的比较,得知其回弹值并不完全是卸荷面积上各点回弹量增加 41.4%,而且面积越大,增加的回弹量越小。

⑲在开挖面积相等的工况下,长条形开挖方式的回弹量比正方形的开挖方式要小。

⑳在开外宽度 b 相同的工况下,基坑底部各点的回弹量均随着基坑长度 L 的增加而增加,但增加的幅度越来越小。

㉑通过对基坑周围环境,即基坑周围土体参数(土体重度 γ、黏聚力 c 和摩擦角 φ)、地下连续墙嵌固深度 D,基坑外有无外荷载 q 及 q 距基坑边距离 S 等的详细数值模拟,借助软件 Origin9.5,参考夏明耀经验公式,进行数理统计回归修正后得出:

$$\delta = -88.2 + 0.1\gamma H' + 12.5\left(\frac{D}{H}\right)^{-0.5} + 87.6c^{-0.04}(\tan\varphi)^{-0.54}$$

建议:

a. 外荷载 q 尽量堆在距基坑边沿的距离是基坑开挖深度的 1.25 倍以外,堆载基坑边上对基底向上变形敏感,需作相应的地基加固处理;

b. 支护结构的嵌固深度 D 应当略大于 1.5 倍基坑开挖深度 H,这样制约基底向上变形效果良好;

c. 对 $\varphi = 0$ 的软土,务必进行抗隆起稳定性验算;

d. 利用式(5.1)计算的 δ 通常小于 100 mm，若计算出的 δ 值太大，需作地基处理或设工程桩；

e. 因在一倍开挖深度范围内，向上变形沿深度的衰减最快，故公式中参数取一倍基坑深度范围土层参数的加权平均值。

4. 多种方法所得结果比较

本书通过数值模拟分析、工程实测、公式法和回弹再压缩实验对 20 m 深基底的 δ 进行比较，得出实测数据可靠，但费时费力；实验室结果小得多，此值小于现场实测值，这是因为室内土工实验没有考虑基坑内外压力差的影响，而且使用的土样为小尺寸试件，取土过程很难保证结构不被扰动；数值模拟结果偏大一点，具有很高的参考价值，在经验取值的基础可方便分析更大更深更复杂的基坑；公式法算的结果略大于实测值，由此证明公式法考虑的因素较全面，拟合公式可靠，可用于指导实际工程，数值模拟法也取得了良好的效果。

8.2　展望

①本书对太原市某基坑抗隆起稳定性问题，只分析了降水完成后基底的稳定性系数，没再考虑回灌对稳定系数的影响程度，今后继续对回灌后基坑的稳定性进行分析，得出更系统的结论。

②对其他本构模型继续深入理解，以便对不同土体选择更合适的本构模型。

③本书的深基坑工程支护结构是地下连续墙，后续应再研究其他支护结构对基底变形的影响。

④本工程基坑周围无堆载，30 m 范围内无其他建筑，基底不设工程桩也能满足稳定的要求，对本基坑工程模拟其周边环境，地基处理及降水均不太复杂，今后对各种工况都会模拟，以期得到更全面的归纳总结。

⑤在未来的工作中将加大工程实测的跟踪力度，在实践中摸索规律，总结经验，创新实测方法，为做出更合适的工程数值模拟提供有力佐证。

参考文献

［1］DUNCAN J M, CHANG C Y. Nonlinear analysis of stress and strain in soils ［J］. Journal of the Soil Mechanics and Foundations Division, 1970, 96(5): 1629-1653.

［2］BOSE S K, SOM N N. Parametric study of a braced cut by finite element method［J］. Computers and Geotechnics, 1998, 22(2): 91-107.

［3］WHITTLE A J, HASHASH Y M A, WHITMAN R V. Analysis of deep excavation in Boston［J］. Journal of Geotechnical Engineering, 1993, 119(1): 69-90.

［4］FINNO R J, HARAHAP I S. Finite element analyses of HDR-4 excavation［J］. Journal of Geotechnical Engineering, 1991, 117(10): 1590-1609.

［5］OU C Y, CHIOU D C, WU T S. Three-dimensional finite element analysis of deep excavations［J］. Journal of Geotechnical Engineering, 1996, 122(5): 337-345.

［6］LEE K M, ROWE R K. An analysis of three-dimensional ground movements: The Thunder Bay tunnel［J］. Canadian Geotechnical Journal, 1991, 28(1): 25-41.

［7］ROWE R K, LEE K M. An evaluation of simplified techniques for estimating three-dimensional undrained ground movements due to tunnelling in soft soils ［J］. Canadian Geotechnical Journal, 1992, 29(1): 39-52.

［8］徐方京,侯学渊.基坑回弹性状分析与预估［C］.首届全国岩土工程博士学

术讨论会论文集,1990.

[9] 宰金珉. 开挖回弹量预测的简化方法[J]. 南京建筑工程学院学报,1997 (2):25-29.

[10] 潘林有,胡中雄. 深基坑卸荷回弹问题的研究[J]. 岩土工程学报,2002, 24(1):101-104.

[11] 吉茂杰,刘国彬. 开挖卸荷引起地铁隧道位移的预测方法[J]. 同济大学 学报(自然科学版),2001,29(5):531-535.

[12] 刘国彬,黄院雄,侯学渊. 基坑回弹的实用计算法[J]. 土木工程学报, 2000,33(4):61-67.

[13] 刘国彬,侯学渊. 软土的卸荷模量[J]. 岩土工程学报,1996(6):22-27.

[14] 刘国彬,侯学渊. 软土基坑隆起变形的残余应力分析法[J]. 地下工程与 隧道,1996(2):2-7.

[15] 张国霞,张乃瑞,张凤林. 病房楼工程基坑回弹和地基沉降的观测分析 [J]. 土木工程学报,1980(1):23-37.

[16] 张乃瑞,张封林. 北京部分高层建筑基坑回弹与整体变形分析[J]. 高层建 筑地下结构及基坑支护,1994(8):248-254.

[17] 沈滨,张莉. 对大面积深基坑开挖回弹的分析与预估[J]. 高层建筑地下结 构及基坑支护,1994(8):255-262

[18] 连镇营,韩国城,姚仰平. 基于 SMP 准则的改进剑桥模型及其在基坑工 程中应用[J]. 大连理工大学学报,2002,42(1):93-97.

[19] 陈永福. 深基坑开挖回弹计算的探讨[C]. 首届全国岩土工程博士学术讨 论论文集,1990.

[20] 汪中卫,刘国彬. 基于卸荷及变形的主动土压力计算[J]. 地下空间, 2003,23(1):22-27.

[21] 李玉岐,魏婕,谢康和. 负孔压消散对坑底的回弹影响研究[J]. 长江科学 院院报,2005,22(4):52-55.

[22] 李玉岐,周健,谢康和.非稳定渗流引起的基坑坑底回弹变形计算[J].岩石力学与工程学报,2007(S1):2952-2958.

[23] 韩玉明.北京平原区饱和粘性土回弹及再压缩模量的试验研究[J]工程勘察,1996(2):10-14.

[24] 郝玉龙,古力.超载预压地基卸载后吸水固结及回弹变形的研究[J].岩石力学与工程学报,2005,24(5):883-888.

[25] 胡其志,何世秀,杨雪强.基坑开挖基底隆起的估算[J].土工基础,2001,15(2):29-30.

[26] 郑列威,胡蒙达.长条形深基坑开挖引起基坑底土体的回弹解析理论计算[J].建筑施工,2004,26(3):196-199.

[27] 程玉梅.基坑坑底土体侧向应力状态变化的研究[J].低温建筑技术,1999(4):39-41.

[28] 程玉梅.卸荷粘性土体的静止土压力系数[J].中国港湾建设,2000,20(4):32-35.

[29] 程玉梅,周明芳,刘广博.卸荷土体的静止土压力系数[J].佳木斯大学学报(自然科学版),2006,24(2):312-314.

[30] 程玉梅,韩炜洁,周明芳,等.土体加、卸载土工参数的区别[J].佳木斯大学学报(自然科学版),2006,24(3):448-450.

[31] 孙秀竹.卸荷土体性质的试验研究和工程应用[J].中国港湾建设,2004,24(5):41-43.

[32] 程玉梅,吴葆永,史红雁.开挖卸荷工程计算指标应用的探讨[J].勘察科学技术,2001(2):21-24.

[33] 张云军,宰金珉,王旭东,等.基坑开挖过程中土体受力特性问题的分析与研究[J].建筑技术,2005,36(12):888-890.

[34] 刘国彬,侯学渊.软土的卸荷模量[J].岩土工程学报,1996(6):22-27.

[35] 何世秀,韩高升,庄心善,等.基坑开挖卸荷土体变形的试验研究[J].

岩土力学，2003，24（1）：17-20.

[36] 周敦云. 基坑开挖卸载土体变形的试验研究[J]. 山东建筑工程学院学报，2003，18（3）：15-18.

[37] 潘林有，程玉梅，胡中雄. 卸荷状态下粘性土强度特性试验研究[J]. 岩土力学，2001，22（4）：490-493.

[38] 潘林有，胡中雄. 深基坑卸荷回弹问题的研究[J]. 岩土工程学报，2002，24（1）：101-104.

[39] 秦爱芳. 软土卸荷时土体强度变化试验研究[J]. 建筑结构，2002（7）：29-31.

[40] 秦爱芳，刘绍峰，胡中雄. 基坑软土强度变化特征及坑底施工安全控制[J]. 地下空间，2003，23（1）：40-44.

[41] 孙秀竹. 应力场的变化与卸荷影响深度的关系[J]. 勘察科学技术，2004（4）：12-15.

[42] 刘广博，程玉梅. 应力水平和土体卸载影响深度的关系[J]. 西部探矿工程，2006，（6）：1-3.

[43] 秦爱芳，胡中雄，彭世娟. 上海软土地区受卸荷影响的基坑工程被动区土体加固深度研究[J]. 岩土工程学报，2008，30（6）：935-940.

[44] 邓指军，贾坚. 地铁车站深基坑卸荷回弹影响深度的试验[J]. 城市轨道交通研究，2008（3）：52-55.

[45] 张耀东，龚晓南. 软土基坑抗隆起稳定性计算的改进[J]. 岩土工程学报，2006（S1）：1378-1382.

[46] 俞建霖，龚晓南. 基坑工程变形性状研究[J]. 土木工程学报，2002，35（4）：86-90.

[47] 陆培毅，余建星，肖健. 深基坑回弹的空间性状研究[J]. 天津大学学报，2006（3）：301-305.

[48] 肖健. 考虑工程桩存在的深基坑回弹空间性状研究[J]. 天津大学学报，

2006,(3):301-305.

[49] 刘国彬,贾付波.基坑回弹时间效应的试验研究[J].岩石力学与工程学报,2007(S1):3040-3044.

[50] 刘畅,郑刚,张书鸳.逆做法施工坑底回弹对支护结构的影响[J].天津大学学报,2007,40(8):995-1001.

[51] 李伟强,罗文林.大面积深基坑开挖对在建公寓楼的影响分析[J].岩土工程学报,2006(S1):1861-1864.

[52] 赵锡宏,陈志明,胡中雄,等.高层建筑深基坑围护工程实践与分析[M].上海:同济大学出版社,1996.

[53] 单旭.土体原位测试的研究、应用及发展[J].价值工程,2011,30(17):304.

[54] 李世民.浅海域海底静力触探测试系统机械结构研究[D].长春:吉林大学,2005.

[55] 易宙子.原位测试求取岩土参数应用总结[J].城市勘测,2013(2):164-166.

[56] 聂淼.深基坑开挖过程数值模拟及支护对策[D].贵阳:贵州大学,2009.

[57] 李围.隧道及地下工程FLAC解析方法[M].北京:中国水利水电出版社,2009.

[58] 陈育民,徐鼎平.FLAC/FLAC3D基础与工程实例[M].北京:中国水利水电出版社,2009.

[59] 彭文斌.FLAC3D实用教程[M].北京,机械工业出版社,2007.

[60] 刘波,韩彦辉.FLAC原理、实例与应用指南[M].北京:人民交通出版社,2005.

[61] S.普拉卡什.土动力学[M].徐攸在,等译.北京:水利电力出版社,1984.

[62] 韦珊珊.土中应力分布传递规律的试验及测试技术研究[D].南宁:广西

大学, 2003.

[63] 杨毅秋. 微承压水作用下深基坑稳定的有限元分析[D]. 天津：天津大学, 2005.

[64] 常士骠, 张苏民. 工程地质手册[M]. 4 版. 北京：中国建筑工业出版社, 2007.

[65] 李学山. 微承压水作用下基坑渗流场计算方法的研究[D]. 天津：天津大学, 2006.

[66] 赵静力. 基坑开挖的空间效应及土压力研究[D]. 保定：河北大学, 2011.

[67] DUNCAN J M, CHANG C Y. Nonlinear analysis of stress and strain in soils [J]. Journal of the Soil Mechanics and Foundations Division, 1970, 96(5): 1629-1653.

[68] 李昭. 减小基坑施工对坑外环境影响的数值研究[D]. 天津：天津大学, 2010.

[69] 冯海涛. 深基坑地下水控制的有限元模拟及分析[D]. 天津：天津大学, 2007.

[70] MANA A I, CLOUGH G W. Prediction of movements for braced cuts in clay [J]. Journal of the Geotechnical Engineering Division, 1981, 107(6): 759-777.

[71] CLOUGH G W, SMITH E M, SWEENEY B P. Movement Control of Excavation Support Systems by Iterative Design[J]. Proceedings Foundation Engineering: CurrentPrinciples and Practices, 1989, 2:869-884.

[72] BJERRUM L, EIDE O. Stability of strutted excavations in clay [J]. Géotechnique, 1956, 6(1): 32-47.

[73] CHANG M F. Basal stability analysis of braced cuts in clay[J]. Journal of Geotechnical and Geoenvironmental Engineering, 2000, 126(3): 276-279.

[74] UKRITCHON B，WHITTLE A J，SLOAN S W. Undrained stability of braced excavations in clay［J］. Journal of Geotechnical and Geoenvironmental Engineering，2003，129(8)：738-755.

[75] 窦华港，焦莹. 深基坑基底回弹变形计算方法分析及工程验证［J］. 天津城市建设学院学报，2008，14(3)：180-183.

[76] 郑刚，焦莹. 深基坑工程设计理论及工程应用［M］. 北京：中国建筑工业出版社，2010.

[77] BJERRUML E O. Stability of strutted excavations in clay［J］. Geatechnique. 1956,6(1):32-47.

[78] GOH A T C，KULHAWY F H，WONG K S. Reliability assessment of basal-heave stability for braced excavations in clay［J］. Journal of Geotechnical and Geoenvironmental Engineering，2008，134(2)：145-153.

[79] 中华人民共和国住房和城乡建设部. 建筑基坑支护技术规程：JGJ 120—2012［S］. 北京：中国建筑工业出版社，2012.

[80] 刘国彬，王卫东. 基坑工程手册［M］. 2 版. 北京：中国建筑工业出版社，2009.

[81] 夏明耀. 多撑式地下连续墙入土深度的模拟试验研究［J］. 水电与抽水蓄能,1984(2):26-34.

[82] 刘国彬，黄院雄，侯学渊. 基坑回弹的实用计算法［J］. 土木工程学报，2000，33(4)：61-67.

[83] 郑列威，胡蒙达. 长条形深基坑开挖引起基坑底土体的回弹解析理论计算［J］. 建筑施工，2004，26(3)：196-199.

[84] 师晓权，杨其新. 软土地区深基坑回弹量影响因素分析［J］. 岩土工程界，2007，10(6)：40-42.

[85] OU C Y，CHIOU D C，WU T S. Three-dimensional finite element analysis of deep excavations［J］. Journal of Geotechnical Engineering，1996，122(5)：

337-345.

[86] OU C Y, LIAO J T, LIN H D. Performance of diaphragm wall constructed using top-down method[J]. Journal of Geotechnical and Geoenvironmental Engineering, 1998, 124(9): 798-808.

[87] LONG M. Database for Retaining Wall and Ground Movements due to Deep Excavations[J]. Journal of Geotechnical and Geoenvironmental Engineering, 2001, 127(3): 203-224.

[88] 庞贵磊, 刘庆华, 刘国彬, 等. 分条开挖时土条宽度影响基坑隆起的研究 [J]. 建筑技术, 2004, 35(12): 931-933.

[89] 侯慧敏. 竖向荷载作用下复合桩基承载特性数值模拟[D]. 太原: 太原理工大学, 2012.

[90] 中华人民共和国建设部. 建筑桩基技术规范: JGJ 94—2008[S]. 北京: 中国建筑工业出版社, 2008.

[91] 中华人民共和国建设部. 建筑地基处理技术规范: JGJ 79—2002[S]. 北京: 中国建筑工业出版社, 2004.

[92] 中华人民共和国建设部. 建筑变形测量规程: JGJ/T 8—1997[S]. 北京: 中国建筑工业出版社, 2005.

[93] 郑刚, 焦莹, 李竹. 软土地区深基坑工程存在的变形与稳定问题及其控制: 基坑变形的控制指标及控制值的若干问题[J]. 施工技术, 2011, 40(8): 8-14.

[94] 严伯铎. 基坑回弹监测的方法及应用[J]. 勘察科学技术, 2005(4): 45-50.

[95] 李建民. 超深超大基坑回弹变形计算方法的试验研究[D]. 北京: 中国建筑科学研究院, 2010.

[96] 相兴华. 基坑开挖与降水对支护结构受力及地面变形影响的研究[D]. 太原: 太原理工大学, 2013.

［97］周伟. 建（构）筑物变形监测方法研究［J］. 科技与企业，2012(18)：181.

［98］李辉，曾月进，胡兴福，等. 土体卸荷回弹变形的试验研究［J］. 四川建筑科学研究，2008，34(3)：111-114.

［99］张淑朝. 基坑开挖坑底土体卸荷回弹试验研究及数值模拟分析［D］. 天津：天津城市建设学院，2008.

［100］张淑朝，张建新，任杰东，等. 土体卸荷回弹实验研究［J］. 河北工程大学学报（自然科学版），2008，25(3)：19-22.

［101］张淑朝，张建新，张阳，任杰东. 基坑开挖卸荷土体回弹实验研究［J］. 岩土工程学报，2008(S1)：426-429.

［102］雷俊. 卸荷作用下软土回弹变形及孔隙水压力变化规律的试验研究［D］. 武汉：武汉科技大学，2010.